ZWEITAKT-MOTOREN + TUNING

Für meinen Opa!

Mit Zeichnungen von Frank Slusny -
Titelbild von Markus Schick.

Auflage: 7.

Anschrift: Postfach 3109, 6236 Eschborn

ISBN 3-924043-11-6

I N H A L T S V E R Z E I C H N I S

Von Friseuren, Edelbastlern und Pedanten

Frisieren ist nicht verboten - im Gegensatz zu Versicherungsbetrug. Ist aber Frisieren nicht immer die Vorstufe zu Versicherungsbetrug? Und sind deshalb Leute, die andere zu solchen Verwerflichkeiten anstiften, nicht geradezu gemeingefährlich? Doch, sie sind es! Aber zum Glück gehöre ich - der Autor dieses Buches - nicht dazu. Dies ist nämlich kein Buch über das Frisieren, sondern eines über Zweitaktmotoren; in dem allerdings besonders auf Leistungssteigerungen eingegangen wird. Das ist ein Unterschied.

Frisieren, das ist die Lebenseinstellung jener Spezies, die die Leistung in direkter Proportionalität zur Lautstärke vermuten, die schon einmal gehört haben, daß durch große Löcher mehr Benzin fließt, die Beleuchtung an heißen Öfen für strömungsungünstig und Bremsen für entbehrlichen Ballast halten, kurz, die Philosophie jener, die sich mit einem Bein in der Kiste pudelwohl fühlen. Es ist überhaupt nicht möglich, diese Leute zum Frisieren anzustiften: Sie machen es nämlich sowieso - aber lesen keine Bücher darüber. Sie haben das auch absolut nicht nötig, denn es gibt genügend Spatzen, die unzählige von Binsenweisheiten, das Frisieren betreffend, von den Dächern pfeifen.

Diejenigen, die Bücher über Zweitaktmotoren lesen, sind anders. Sie sind einfach begeistert von der Technik, wollen wissen, wie es wirklich ist, und nicht, wie es zu sein scheint, wollen selbst entscheiden können, was gut und was schlecht ist. Und diese Technik-Begeisterten werden irgendwann nicht mehr damit zufrieden sein, nur im stillen Stübchen nachzugrübeln, sondern werden die Nutzanwendung ihrer Erkenntnisse sehen wollen und selbst an Motoren arbeiten. Bei der Arbeit an Motoren aber, was kann da herausfordernder, reizvoller und kreativer sein, als Leistungssteigerungen durchzuführen? Das ist in der Tat etwas anderes als Frisieren.

Früher scheint man das verstanden zu haben. Wenn man sieht, wie frei und ungezwungen noch vor einigen Jahren in Büchern und Zeitschriften über dieses Thema gesprochen wurde, dann fragt man sich wirklich, was in der Zwischenzeit passiert ist. Früher wurde das freudige Gebastel dieser Amateure - das übrigens ziemlich erfolgreich war - noch ernst genommen und keineswegs abgeurteilt. Heutzutage aber muß man allen Ernstes lesen, daß Leistungssteigerungen ohne Motorenprüfstand überhaupt nicht möglich seien. Ohne Laser-Skalpell kann man also keine Salami mehr schneiden? Die Leute, aus deren Munde solche Äußerungen stammen, bilden mit ihrem übersteigerten Sicherheits- und Vernunftbewußtsein das exakte Gegenstück zu den oben beschriebenen "Friseuren".

Ich werde im Verlauf dieses Buches noch einige Male darauf hinweisen, daß die wichtigste Kunst darin besteht, einander widersprechende Forderungen mittels Kompromiß unter einen Hut zu bringen. Das ist hier das erstemal nötig. Weder der Versuch, unübertreffbare Präzision zu erreichen, noch völlig unwissendes Gemurkse ist irgendwie erstrebenswert. Wer aus Freude bastelt, für den kann das Optimum nur in einer gesunden Mischung aus Wissen und Experimentierfreude bestehen.

Das ist die Philosophie dieses Buches. Es soll die Traditionen der Zeit fortsetzen, in der noch in aller Offenheit Erfahrungen und Überlegungen bezüglich Leistungssteigerungen ausgetauscht wurden. Es soll der Freude all derer dienen, die sich in die Raffinessen der Zweitaktmotoren verlieben können. Deshalb soll es die Grundlagen für theoretische und praktische Arbeiten liefern - und das hat zweifellos nichts mit Anstiften zum Frisieren zu tun. Natürlich und leider ist es mit dem hier vermittelten Wissen auch möglich, Motoren zu "tunen", die aus rechtlichen Gründen gedrosselt sind, und es ist nicht auszuschließen, daß es auch unter den Lesern dieses Buches einige schwarze Schafe gibt, die sich skrupellos über die Verpflichtung der Vernunft hinwegsetzen und den sowieso nicht allerrosigsten Ruf der motorisierten Zweiradfahrer noch weiter abwirtschaften.

Trotzdem widerspricht es jedem Gerechtigkeitsempfinden, daß eine relativ kleine Gruppe ziemlich unwissender Angeber, eben der Friseure, verhindern soll, daß überhaupt noch Bücher zum Thema "Tuning" im Klartext geschrieben werden dürfen. Deshalb ist dieses Buch aus der wirklichen Überzeugung entstanden - und nicht nur der vorgetäuschten -, daß die angesprochene Lesergruppe den Mittelweg aus Vernunftbewußtsein und Bastlerfreude finden wird; und zwar nicht trotz, sondern wegen des Buches.

Wie man richtig Leistungssteigerungen durchführt

Zum Leistungssteigern braucht man zweierlei: Wissen und Erfahrung. Erfahrung kann man nicht vermitteln, sondern nur sammeln; Wissen dagegen ist lernbar und um es zu vermitteln, ist dieses Buch geschrieben. Es wird dabei vorausgesetzt, daß der Leser bereits halbwegs über das Zweitaktprinzip Bescheid weiß; wer merkt, daß ihm dies Buch zu schwierig ist, der soll sich nicht umsonst durchquälen, es hätte sowieso keinen Zweck, sondern soll sich zuerst woanders informieren. Eine hervorragende Einführung ist das Buch "Motorisiert auf zwei Rädern" von Siegfried Rauch. Wem es zu teuer ist, bekommt es vielleicht in einer Bibliothek.

Zum Umgang mit diesem Buch ist folgendes zu sagen: Es erhebt den Anspruch, gleichzeitig ein Lehr- und ein Handbuch zu sein. Als Lehrbuch ist es so geschrieben, daß man es am besten einmal von vorne bis hinten durchliest, was nicht zu viel verlangt sein dürfte, weil es insgesamt ja keinen übermäßig großen Umfang hat. Jedes einzelne Kapitel ist so aufgebaut, daß erst die Grundlagen gegeben werden, dann Erfahrungs- und Richtwerte für Veränderungen, sowie bei Bedarf handwerkliche Hinweise. Deshalb ist es schwierig, eine spätere Stelle zu verstehen, wenn man den Anfang nicht gelesen hat, weil dort Begriffe und Ansichten vorgestellt werden, die der Leser vielleicht noch nicht kennt, auf die sich aber oft bezogen wird. Vielleicht werden sich einige Leser auch über die vielen Formeln wundern oder ärgern. Diese Formeln verlieren aber schnell ihre Unnahbarkeit, wenn man sie als das nimmt, was sie sind: Praktische Hilfsmittel, die viel Arbeit sparen helfen. Sie sind weder Auswüchse weltfremder Theorie, noch unfehlbares Evangelium. Könnte man nämlich alles berechnen, gäbe es schon längst den "besten" Motor und alle Bastelei wäre überflüssig. Formeln sind nichts weiter, als allgemein formulierte Erfahrungen vorangegangener Bastler- und Technikergenerationen, sonst nichts. Sie sind dehalb so praktisch, weil sie für jeden Motor gelten und nicht nur für einen speziellen. Um sie aber anwenden zu können, braucht man ein Grundwissen, das normalerweise bei Bastlern nicht vorhanden ist; deshalb der etwas langatmige Anfang dieses Buches.

Wenn man dann alles gelesen hat und ans Werk möchte, wie geht man dann vor? Man versucht zuerst, den Motor, den man verändern möchte, zu ergründen. Wie läuft er, was für Besonderheiten hat seine Laufcharakteristik? Wieso hat er diese Besonderheiten, durch welche bauartlichen Merkmale werden sie hervorgerufen? Es hat überhaupt keinen Zweck, etwas verändern zu wollen, ohne daß man genau Bescheid weiß; sonst tritt genau das ein, womit man nicht gerechnet hat. Dann muß man sich darüber im klaren sein, was man erreichen will. Also: Welche Merkmale soll der Motor nach der Veränderung haben? Durch welche Maßnahmen kann man das normalerweise erreichen? Ist das auch in diesem speziellen Fall möglich? Um diese Frage zu beantworten, muß man etwas schätzen und rechnen und muß sich bemühen, realistisch zu bleiben. Ein 50 ccm-Rasenmäher leistet keine 20 kW, und sei der Tuner noch so gut. Vor allen Dingen darf man Belastungsgrenzen nicht übersehen.

Wenn man dann genau weiß, was verändert werden soll, geht es um das Wieviel. Damit wird dieses Buch zum Handbuch. Der zu bearbeitende Motor wird mit Schublehre und sonstigen Meßinstrumenten ausgemessen und man versucht, seine Vorstellungen irgendwie zu verwirklichen. Dabei wird es oft genug Schwierigkeiten geben und man wird gezwungen sein, Richt- und Grenzwerte nachzulesen oder mittels Formeln andere Veränderungen durchzuspielen. Wenn man dann meint, den Stein der Weisen in den Händen zu haben, geht es an die praktische Ausführung. Dabei gilt der oberste Grundsatz: Immer so genau wie möglich. Zweiter Grundsatz: Immer in kleinen Schritten vorgehen. Vor Fehlern ist man nie gefeit, aber kleine Fehler sind besser als große. Wenn man in kleinen Schritten vorgeht, hat man auch die Möglichkeit, zwischendurch immer auszuprobieren, ob man sich noch auf dem richtigen Weg befindet, oder ob man vielleicht einen grundsätzlichen Fehler schon bei der Planung gemacht hat. Außerdem kann man über die Auswirkungen Buch führen - und sei es nur im Kopf - und kann so bei späteren Leistungssteigerungen, auch an anderen Motoren, die Auswirkungen der einzelnen Maßnahmen besser abschätzen; und man kann nach einer eventuellen Verschlechterung wieder zu einem schon einmal erreichten Zustand zurückkehren. Verschlechterungen werden übrigens öfter eintreten, als einem lieb ist; das ist aber ganz normal. Kein Grund also, an seinem Wissen zu zweifeln und aufzugeben.

Man sieht, Edelbasteln ist nicht leicht. Wer hofft, an einem Nachmittag auf die Schnelle eine Rakete basteln zu können, muß enttäuscht werden; auf die Schnelle geht nichts. Einige Wochen muß man, zumindest anfangs und bei umfangreichen Änderungen, schon rechnen. Außerdem muß man natürlich, bevor man Veränderungen durchführt, mit dem Umgang mit Werkzeugen und Materialien vollkommen vertraut sein. Dazu empfiehlt es sich, erst anderen, erfahreneren Bastlern über die Schulter zu schauen oder - noch besser - mit ihnen zusammenzuarbeiten. Und bevor man sich das erstemal an wertvolle Motoren wagt, sollte man seine Anfangsschnitzer an Billigerem absolvieren. Hoffentlich hält niemand das bisher Gesagte für unnützes Geschwätz; Wissen, Übung und Liebe zum Detail ist es, das Tunen vom Frisieren unterscheidet und hat nichts mit Pedanterie zu tun!

ETWAS MECHANIK

Bevor man sich wirklich tiefergehend mit den - zugegebenermaßen interessanteren - Motoren befaßt, wäre es eigentlich nicht schlecht, ersteinmal einige Grundbegriffe der Physik zu beherrschen, um das Vokabular verstehen zu können, das bei Datenangaben und zur Erkärung von allen möglichen Motoren-Phänomenen immer wieder verwendet wird. Weil dieses Buch freilich niemanden langweilen möchte, soll derjenige, den solche Theorie nur nervt, dieses Kapitel ruhig erst einmal überschlagen - früher oder später wird er sich ja doch dabei erwischen, wie er diese Seiten wieder aufschlägt...

Die Physik, so mysteriös dies Wort auch klingen mag, ist eigentlich nichts anderes als die Lehre von Körpern. Um deren Verhalten irgendwie beschreiben zu können, werden bestimmte "Größen" verwendet, die aber zum allergrößten Teil auf wenige, uns allen völlig selbstverständliche Grundgrößen zurückgeführt werden können.

Um eine solche Größe nun quantitativ angeben zu können, benötigt man eine Maßeinheit. Eine Größe besteht also immer aus einer Maßzahl und einer Maßeinheit, wobei die Maßzahl die aktuelle Größe beschreibt und die Maßeinheit einen (zwar willkürlich definierten, aber meist sinnvollen) Vergleichsmaßstab festlegt. Wenn man sich bei der Beschreibng einer Größe nicht auf eine bestimmten Wert festlegen möchte, verwendet man einen Buchstaben als Formelzeichen, der die Maßzahl ersetzt. Damit die Formelzeichen nicht mit den Abkürzungen für die Maßeinheiten verwechselt werden können, werden die Maßeinheiten üblicherweise in Klammern nach den Formelzeichen geschrieben.

Das heutzutage verwendete Maßsystem ist das "SI-System" (Systéme International d´Unités = Internationales Einheitensystem), das auf sechs Maßeinheiten aufgabaut ist, von denen für uns nur Meter, Kilogramm und Sekunde interessant sind. Diese drei Grundeinheiten sind einmal willkürlich festgelegt worden, wogegen alle anderen Einheiten durch sie ausgedrückt werden können. Der Grund dafür, daß die anderen, abgeleiteten Einheiten überhaupt Verwendung finden, ist die Faulheit der Physiker, die die eigentlichen Namen zu umständlich fanden. Man wird ihnen nachsehen, daß sie z. B. für "Meterkilogrammproquadratsekunde", der Einheit für die Kraft, lieber "Newton" sagen!

Die wichtigsten physikalischen Größen

Im folgenden sollen nun die Größen, von denen hier die Rede war, vorgestellt und veranschaulicht werden. Wer sie intus hat, dem können weder Testberichte noch trockene Erklärungen mehr etwas anhaben. Zuerst also die drei Grundgrößen, dann die davon abgeleiteten:

Eine der Grundgrößen ist die **Zeit.** Gemessen wird sie in Sekunden, und zwar ist eine Sekunde der 31.556.925,9747ste Teil des tropischen Jahres 1900 (was immer das auch sein mag); glücklicherweise kann das uns Motorenbastler weniger belasten als vielleicht einen Astronauten. Was aber auch wir wissen sollten ist, daß das Formelzeichen für die Zeit t ist und vom englischen "time" stammt.

Die nächste Grundgröße ist die **Strecke** mit dem Formelzeichen s und der Einheit Meter (m). Ein Meter ist der 40.000.000ste Teil des Erdumfangs um den Äquator (was aber nicht genau stimmt, weil sich diejenigen, die den Wert früher festlegten, mangels genauer Geräte vermessen haben).

Und die letzte Basisgröße ist die **Masse**, die mit m abgekürzt wird und deren Einheit das Kilogramm ist. Dabei entspricht ein Kilogramm der Masse von einem Liter Wasser. Aber Vorsicht: Die Masse eines Körpers darf nicht etwa mit dessen Gewicht (eigentlich: dessen Gewichtskraft) verwechselt werden. Seine Masse hat ein Körper nämlich überall, das Gewicht entsteht dagegen erst dann, wenn die Masse eine Anziehungskraft erfährt. Man kann sich das leicht klarmachen: Wenn wir uns auf der Erde befinden, und sich ein Elefant auf unseren Zeh stellt, dann empfinden wir das als ausgesprochen unangenehm, weil die Masse des Elefanten durch die Erde angezogen wird und die dadurch entstehende Kraft auf unseren Zeh einwirkt. Würden wir aber den Schauplatz des Geschehens in den Weltraum verlegen, weitab von allen Planeten, dann könnte der Elefant durchaus noch einen weiteren Huckepack nehmen, ohne unseren Zeh zu beschädigen, obwohl seine Masse die gleiche bleibt. Sie wird eben nur nicht mehr angezogen. Das Gewicht eines Körpers verändert sich also mit der Kraft, die auf die (unveränderte) Masse einwirkt. Diese Kraft kann sich übrigens auch durchaus auf der Erde veränderen, weil diese bekanntlich nicht vollkommen kugelrund ist, sondern abgeplattet. Deshalb hat dieselbe Masse am Äquator ein geringeres Gewicht als an den Polen, da diese dem Erdmittelpunkt näher sind und die Anziehungskraft mit der Entfernung vom Erdschwerpunkt abnimmt. Wer mit Opium handelt, der sollte das also berücksichtigen!

Nun aber zu den abgeleiteten Größen der Physik: Die beiden einfachsten sind wohl die Geschwindigkeit und die Beschleunigung. Die **Geschwindigkeit** (Formelzeichen v vom englischen "velocity") ist die pro Zeiteinheit zurückgelegte Strecke: $v = s/t$ (m/s). Die Einheit ergibt sich, indem man einfach die Basiseinheiten der Strecke und der Zeit durcheinander teilt. Auf entsprechende Weise werden auch alle anderen Einheiten hergestellt. 1 m/s entspricht 3,6 km/h.

Die **Beschleunigung** ist die Geschwindigkeitsänderung pro Zeiteinheit. Hat beispielsweise ein Fahrzeug in der ersten betrachteten Sekunde die Geschwindigkeit $v=0$ (m/s), in der zweiten Sekunde $v=10$ (m/s), in der dritten $v=20$ (m/s) usw., dann erfährt es eine Geschwindigkeitszunahme von 10 m/s pro Sekunde: Die Beschleunigung mit dem Formelzeichen a hat also die Einheit m/s^2. Abbremsen ist nichts anderes als negative Beschleunigung, man spricht in diesem Fall auch von Verzögerung.

Eine merkwürdige Größe ist die **Kraft**. Sie ist nämlich nicht so augenscheinlich vorhanden wie z. B. die Masse, sondern man erkennt sie nur an den Wirkungen, deren Ursache sie ist. Diese Wirkungen können sein die Verformung eines Gegenstandes oder als wichtigste Erscheinung die Beschleunigung. Jede Veränderung des Bewegungszustandes eines Körpers (also jede Beschleunigung, sei sie positiv oder negativ) erfordert eine Kraft als Ursache. Deshalb ist die Einheit der Kraft, das Newton (N), auch über die Beschleunigung festgelegt: Wenn die Masse von einem Kilogramm in einer Sekunde um einen Meter/Sekunde beschleunigt wird, ist die hierzu erforderliche Kraft gleich einem Newton. Weil die beschleunigende Kraft F umso größer sein muß, je größer die Beschleunigung sein soll und je größer die beschleunigte Masse ist, gilt: $F = m \cdot a$ ($kg \cdot m/s^2 = N$).

An dieser Eigenschaft der Kraft sieht man übrigens auch, daß ein Kolbenmotor eigentlich eine rechtschaffen ungünstige Konstruktion ist. Damit der Kolben in seinen Totpunkten nämlich die Bewegungsrichtung ändern kann, muß er jedesmal zwischendurch erst zum Stillstand kommen. Mit anderen Worten, er muß pro Kolbenhub erst unter Kraftaufwand abgebremst und dann unter erneutem Kraftaufwand wieder beschleunigt werden. Und genau diese Kraft ist es, die der Motor dann nicht als Arbeit nach außen abgeben kann.

Die Formel $F = m \cdot a$ zeigt uns auch, wie wir durch die Masse eines Körpers dessen Gewichtskraft ausrechnen können. Läßt man einen Stein fallen, dann sieht man, daß dieser durch die Erdanziehungskraft beschleunigt wird, und zwar mit einer (mittleren) Beschleunigung von $a = 9{,}81\ m/s^2$, die man deshalb Erdbeschleunigung nennt und mit g abkürzt. Die Gewichtskraft (das "Gewicht"), für die wir hier das Formelzeichen G einführen wollen, erhält man dann also, indem man die Masse mit der Erdbeschleunigung multipliziert: $G = m \cdot g$ (N). Wer also behauptet, er wiege 70 kg, der redet - physikalisch gesehen, versteht sich - Unsinn. Sein Gewicht beträgt nämlich $70 \cdot 9{,}81$ ($kg\ m/s^2$) also 686,7 Newton!

Bei dieser Gelegenheit kann man auch gleich die Kraft bestimmen, die auf einen Motorradfahrer einwirkt, wenn dieser richtig davonbraust. Benötigt er beispielsweise 3,1 Sekunden, um von Null auf Hundert zu beschleunigen, dann entspricht das einer Beschleunigung von $8{,}96\ m/s^2$, was fast der Erdbeschleunigung gleichkommt. Das bedeutet, die Kraft, die dann den Fahrer auf seine Sozia preßt, ist fast ebensogroß wie sein Gewicht, wenn er auf ihr läge (was ja nicht zwingend unangenehm sein muß), und auch sie wird mit fast ihrer Gewichtskraft nach hinten vom Sitz gezogen, wobei sie sich ebenso fühlen dürfte, wie wenn sie senkrecht fahren würde. Vielleicht erklärt das die Angst- oder auch anderen Schreie, die manchmal durch den Fahrtwind nach vorne dringen...

Aber kommen wir zur nächsten Größe, der **Arbeit:** Sie liegt dann vor, wenn Kraft entlang einer Strecke verrichtet wird. Die Arbeit (work) ist also: $W = F \cdot s$ mit der Einheit Newton mal Meter, also Newtonmeter (Nm). Eine andere

Bezeichnung für Newtonmeter ist auch Joule (J). Daß diese Definition der Arbeit sinnvoll ist, kann man sich leicht an dem Beispiel eines zu schiebenden Autos klarmachen: Solange man nur gegen das Auto drückt, wendet man zwar Kraft auf, arbeitet aber nicht. Erst dann, wenn das Auto eine Strecke weit geschoben wurde, wurde gearbeitet, und zwar umso mehr, je weiter sich das Auto fortbewegt hat. Das Vorzeichen der Arbeit gibt an, ob Arbeit verrichtet wird oder ob man welche erhält, wobei das natürlich eine Frage des Standpunktes ist: Trägt man einen Sack Zement eine Treppe hoch, dann gibt man selbst Arbeit ab. Der Zementsack dagegen erhält Arbeit, weil er nach dem Hochtragen in der Lage ist, die Treppe wieder herunterzufallen, wobei er wieder Arbeit verrichten kann, z. B. indem er über eine an ihn geknotete Schnur ein Räderwerk antreibt.

Während er oben steht, ist in ihm also Arbeit gespeichert; diesen Zustand nennt man dann **Energie.** Deshalb ist auch die Einheit gleich der der Arbeit, nämlich Joule. Weil die Energie nur die Fähigkit ist, Arbeit zu verrichten, kann sie in außerordentlich vielen Erscheinungsformen auftreten, so z. B. als chemische Energie in Form von Kraftstoff, als Druck eines komprimierten Gases - oder auch als Quark, der, wenn man ihn aufißt, in der Tat ebenfalls Arbeit verrichten kann; wieviel, das steht meist auf der Packung, und zwar in Joule. Auch in der Bewegung eines Fahrzeugs steckt Energie, weil Arbeit aufgewendet werden mußte, um es zu beschleunigen - und irgendwie einmal verrichtete Arbeit geht niemals verloren; genausowenig, wie sie einfach aus dem Nichts entsteht, was sehr bedauerlich ist. In der Bewegung eines Motorrades, das mit 220 km/h über die Autobahn saust, steckt beispielsweise die Energie, die ausreicht, um zwei Liter Wasser zum Kochen zu bringen, würde man damit die Bremsscheibe kühlen. Die gleiche Arbeit kann ein Mensch nach dem Verzehr von 250 Gramm Quark verrichten, wenn er über eine Tretkurbel das Wasser lange genug durchrührt. Allerdings brauchte er dafür vermutlich ein wenig länger als der bremsende Feuerstuhl.

Und damit wären wir schon beim Begriff der **Leistung:** Obwohl der arme Mensch aus obigem Beispiel gleichviel Arbeit verrichtet wie das Motorrad, leistet er weniger, weil er viel mehr Zeit benötigt. Deshalb ist die Leistung als pro Zeiteinheit verrichtete Arbeit definiert: $P = W/t$ (Nm/s = W). Die Einheit Newtonmeter pro Sekunde entspricht einem Watt. Weil diese Einheit direkt aus den anderen Einheiten der Mechanik hervorgeht und man **deshalb viel** einfacher damit rechnen kann, hat sie jetzt auch das PS ersetzt. Der Umrechnungsfaktor beträgt übrigens 1 PS = 735,5 W (= 0,7355 kW) bzw. 1 kW = 1,360 PS. Das Formelzeichen P stammt von "power", in der Motorentechnik wird aber auch häufig N verwendet, womit ausgedrückt werden soll, daß die Angabe des Wertes in PS erfolgt.

Wenn es um Motoren geht und man Leistung hört, dann denkt man auch gleich ans **Drehmoment**, um das sich im allgemeinen geheimnisvolle Vorstellungen ranken. Deshalb wollen wir es hier etwas ausführlicher unter die Lupe nehmen. Ein Drehmoment Md liegt immer dann vor, wenn eine Kraft über einen Hebelarm h an einem Drehpunkt ansetzt. Zieht man also mit einem Schraubschlüssel eine Mutter fest, dann übt man ein Drehmoment auf sie aus, wobei dies sowohl dann zunimmt, wenn ein längerer Schraubschlüssel verwendet wird, als auch dann, wenn man diesen mit größerer Kraft dreht: $Md = F \cdot h$ (Nm). Das Drehmoment ist dann sozusagen die "Stärke", mit der die Mutter gedreht wird - hier "Kraft" zu sagen wäre falsch, denn daß das Drehmoment keine Kraft ist, sieht man schon an den Einheiten. Die Einheit des Drehmoments ist nämlich erstaunlicherweise Newtonmeter - was in diesem Fall aber nicht einfach mit der Einheit der Arbeit, dem Joule, gleichzusetzen ist!

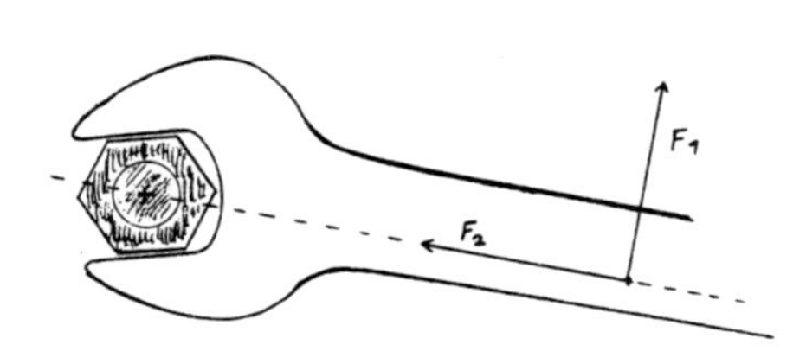

Den Grund dafür zeigt diese Skizze: Daß die Kraft F1 in der Lage ist, die Mutter zu drehen, ist offensichtlich, wogegen die Kraft F2 hierzu nicht fähig wäre, obwohl sie dem Betrage nach die gleiche Größe hat.

Bei allen anderen Kraftvektoren F haben entsprechend auch nur diejenigen Komponenten Einfluß auf das Drehmoment, die senkrecht zum Hebelarm stehen.

Deshalb klärt sich der scheinbare Widerspruch schnell auf, wenn man noch die Richtung der Kraft mitberücksichtigt. Die Kraft, durch die das Drehmoment erklärt ist, muß nämlich immer senkrecht zum Hebelarm wirken. Bei der Definition der Arbeit aber verhält es sich genau umgekehrt: Dort ist nur diejenige Kraftkomponente wirksam, die parallel zur Strecke wirkt.

Was hat das ganze nun aber mit Motoren zu tun? Die Sache ist eigentlich sehr einfach: Die Kraft, mit der der Kolben von den verbrennenden Gasen zu seinem unteren Totpunkt gedrückt wird, wird mit Hilfe des Kurbelmechanismus in eine Drehbewegung der Kurbelwelle umgewandelt, die dann direkt die Arbeit nach außen hin abgibt; und das Maß für die "Stärke" der Drehbewegung ist eben das Drehmoment. Tatsächlich ist das Drehmoment für eine Drehbewegung das, was für eine geradlinige Bewegung die Kraft ist. Man könnte also die Angabe des Drehmoments bei einem Motor genausogut durch die Angabe der Kraft ersetzen, die auf den Kolben wirkt, was allerdings unpraktischer zu handhaben wäre. Es gibt übrigens auch noch andere "Momente", die für Drehbewegungen wichtig sind, zum Beispiel das Trägheitsmoment, das das Äquivalent zur Masse bei geradlinig bewegten Körpern ist, oder auch das Kippmoment usw..

Nun müßte nur noch geklärt werden, wie es der Kolben bewerkstelligt, mit Hilfe des Gasduckes eine Kraft auf die Kurbelwelle auszuüben, was die Voraussetzung zur Erzeugung von Arbeit ist (Arbeit = Kraft Weg). Jeder weiß, daß die Gase im Brennraum, die sich bei der Verbrennung stark erwärmt haben und sich deshalb ausdehnen wollen, den Kolben wegdrücken, also eine Kraft auf ihn ausüben. Aber kein Drücken ohne **Druck**; und tatsächlich haben der Druck und die Kraft viel gemeinsam. Der Druck (Formelzeichen p) ist nämlich die Kraft, die auf eine Fläche wirkt: $p = F/A$ (N/m^2) Um diese Beziehung richtig zu verstehen, braucht man sich nur einen herunterfallenden Pappwürfel vorzustellen; wenn er auf einer seiner Seiten landet, dann wird ihm das wenig anhaben können, weil sich die Kraft des Aufpralls auf eine relativ große Fläche verteilt. Nicht so beim Sturz auf eine Ecke. Die gleiche Kraft wirkt dann auf eine viel kleinere Fläche, wodurch der Druck auf diese erheblich erhöht und der Würfel demzufolge einige Zerknautschungen davontragen wird.

Die Einheit des Drucks, N/m^2, heißt auch Pascal (Pa), eine Einheit, mit der sich zwar gut rechnen läßt, die aber sehr unhandlich ist, weil viel zu klein. Deshalb sind 100.000 Pa gleich 1 Bar = 1000 Millibar. Wenn es im Wetterbericht heißt, der Luftdruck betrage 1013 Millibar, dann entspricht das also 101300 Pascal. Daß das nicht gerade wenig ist, merkt man, wenn man versucht, den Kolben einer Luftpumpe bei zugehaltenem Ventil aus dem Zylinder zu ziehen. Weil dann in der Pumpe ein Vakuum entsteht, wirkt so der volle Luftdruck auf den Kolben und drückt ihn mit ziemlicher Kraft in Richtung des Vakuums. Um den Wert dieser Kraft zu erhalten, braucht man nur die Formel p = F/A nach F aufzulösen und erhält F = p A. Angenommen, der Kolben einer Fahrradpumpe hätte die Fläche von 10 cm^2 = 0,001 m^2 und der Luftdruck den Wert von 100.000 Pa, dann wirken auf den Kolben schon 100 Newton, das entspricht dem Gewicht einer Masse von fast 10 kg. Hätte der Kolbenboden die Fläche von 0,01 m^2, dann müßte man schon gegen die Gewichtskraft von 100 kg ankämpfen, was wohl schwerlich gelingen dürfte. Man sieht hier auch, daß die Kraft proportional mit der Fläche wächst, auf die der Druck wirkt. Dadurch wird auch die Leistung eines Motors erhöht, wenn man den Zylinder aufbohrt: Weil dann ebenfalls ein größerer Kolben Verwendung finden muß, wird die Fläche des Kolbenbodens größer und deshalb auch die Kraft, die er durch den Druck der Gase erfährt.

Die Leistung und das Drehmoment

Bei einem Motor ist nun die abgegebene Leistung proportional zu dem Drehmoment, mit dem die Kurbelwelle gedreht wird. Das liegt daran, daß für das Drehmoment immer eine Kraft erforderlich ist, deren Ansatzpunkt dann, wenn sich die Welle dreht, auf einer Kreisbahn mitwandern muß, also eine Strecke zurücklegt. Wenn das Drehmoment über den Hebelarm h angreift, dann ist der bei einer Umdrehung auf der Kreisbahn zurückgelegte Weg s = 2h pi (pi ist die Kreiszahl und hat den Wert von 3,1416; wenn man den Durchmesser eines Kreises mit pi multipliziert, erhält man den Umfang des Kreises), die dabei verrichtete Arbeit also W = F s = F 2h·3,14 (Nm = J). In diesem Fall ist das Newtonmeter auch wieder gleich dem Joule, weil die Kraft, die das Drehmoment erzeugt, sich in der Richtung **der** Strecke bewegt, mit deren Betrag sie multipliziert wurde.

Um die Leistung zu erhalten, die dabei abgegeben wird, muß die so errechnete Arbeit noch durch die Zeit geteilt werden, in der sie verrichtet wird, nämlich durch die Zeit für eine vollständige Kurbelwellendrehung. Wenn wir die Drehzahl des Motors kennen, dann können wir damit leicht die Zeit für eine Umdrehung errechnen: Denn benötigt der Motor für u Umdrehungen eine Minute, dann dauert eine Umdrehung 1/u Minuten, also 60/u Sekunden. Oder etwas mathematischer: Weil n = u/t ist t = u/n. Da wir die Zeit für eine Umdrehung benötigen, ist darin u = 1, und damit wir das Ergebnis in Sekunden erhalten, muß noch mit 60 multipliziert werden: t = 60/n (s).

Bei dieser Gelegenheit kann man auch sehen, wie die etwas erstaunliche Einheit 1/min für die Drehzahl zustande kommt. Wir wissen, daß die Drehzahl die Anzahl der Umdehungen pro Zeiteinheit ist: n = u/t. Nun sieht man aber schon an dem Namen "Anzahl" für u, daß es sich um eine reine Zahl handelt, die keine Einheit besitzt. Möchte man die Einheit von u/t bestimmen, dann müßte man eigentlich die Einheit von u durch die von t teilen. Deshalb behilft man sich mit dem Trick, die nicht vorhandene Maßeinheit von u durch die neutrale Eins zu ersetzen und erhält damit 1/min. Wenn wir schon dabei sind, dann soll hier auch gleich erklärt werden, was es mit dem ebenfalls häufig verwendeten min^{-1} auf sich hat: Es bedeutet nämlich genau das gleiche. Ein negativer Exponent (= "Hochzahl") sagt nur, daß nicht die Basis selbst potenziert werden soll, sondern ihr Kehrwert. Oder anders ausgedrückt, steht irgendwo auf einem Bruchstrich z. B. s^{-2}, dann kann man genausogut ein s^2 unter den Bruchstrich schreiben: $s^{-2} = 1/s^2$. Wer einmal in Tabellen oder Formelsammlungen herumstöbert, der wird gelegentlich auf diese Potenzschreibweise stoßen, weil sie weniger Platz verbraucht.

Nun aber zurück von dem kleinen Ausflug in das Formel- und Schreibweisen-Wirrwar zu unserem Problem, die Abhängigkeit der Leistung vom Drehmoment zu beschreiben. Dazu sollte zuletzt die pro Kurbelwellendrehung verrichtete Arbeit durch die dazugehörige Zeit geteilt werden, womit wir folgende Gleichungskette erhalten:

$$P = \frac{W}{t} = \frac{F \cdot s}{t} = \frac{F \cdot 2h \cdot 3{,}14}{60/n} = \frac{6{,}28}{60} \cdot F \cdot h \cdot n = \frac{6{,}28}{60} Md \cdot n \qquad (\frac{Nm}{s} = W)$$

Uff! Diese Formel ist aber ein prächtiger Lohn für die lange Rechnerei; sie offenbart nämlich das Geheimnis, wie man einem Motor zu mehr Leistung verhelfen kann; das Produkt aus Drehmoment und Drehzahl muß möglichst groß sein. Im Klartext heißt das: Soll die Leistung bei einer bestimmten Drehzahl erhöht werden, dann muß das Drehmoment, das der Motor bei **dieser** Drehzahl entwickelt, verbessert werden. Hier sieht man auch schon, wo der Hase im Pfeffer liegt! Das Drehmoment verhält sich in zwei Punkten nämlich ausgesprochen schäbig den Konstukteuren gegenüber. Zum einen läßt es sich (zumindest nach dem heutigen Stand der Technik) ohne Hubraumvergrößerung nicht über einen bestimmten Wert hinaus steigern; und zum anderen tut es uns nicht den Gefallen, überall gleich groß zu sein, sondern es verändert sich stark mit der Drehzahl und ist deshalb nur in einem recht schmalen Drehzahlbereich von annehmbarer Größe.

Wenn Md n möglichst groß werden soll, bedeutet das also, daß das beste Drehmoment bei möglichst großen Drehzahlen auftreten muß, was sich durch entsprechende Konstruktion auch erreichen läßt. Nur, wie könnte es auch anders sein, entsteht dadurch ein riesiger Nachteil, der nämlich, daß dann bei niedrigen Drehzahlen beides, Md und n klein sind und so dort so gut wie überhaupt keine Leistung mehr abgegeben wird. Wenn diese Motorenkonzeption für manche Straßeneinsätze manchmal noch von Vorteil sein kann, ist es natürlich für andere Einsatzbereiche ein Unding! Bei Geländemotorrädern z. B. ist ein in unteren Drehzahlen kräftiger Motor mit geringerer Maximalleistung viel besser geeignet als ein schmalbrüstiges Hemd mit riesiger Leistungsspitze.

Und damit wären wir dann auch beim springenden Punkt. In den allermeisten Fällen ist nämlich weder das eine noch das andere gefragt, sondern das Optimum liegt irgendwo zwischendrin. Deshalb ist dann auch derjenige der beste Konstukteur, Tuner oder Bastler, der für genau **seinen** Einsatzbereich den besten Kompromiß findet. Und deshalb werden wir in dem nächsten Kapitel die verschiedenen Leistungsverläufe etwas genauer betrachten.

Leistungs- und Drehmomentverläufe

Die eben durchgeführte Rechnung hat gezeigt, daß ein Motor, der in einem vorgegebenen Drehzahlbereich arbeitet, durch Erhöhen des Drehmoments an Leistung gewinnt. Um das Drehmoment nun zu erhöhen, gibt es zwei Möglichkeiten: Einmal, indem dafür gesorgt wird, daß möglichst viel brennbares Gas in den Zylinder gelangt und dort bei der Verbrennung seine Energie möglichst effektiv an den Kolben abgibt. Und zum anderen bietet sich die Möglichkeit der Hubraumvergrößerung, deren Wirkung leicht einzusehen ist, schon allein aus dem Grund, daß bei größerem Hubraum pro Kolbenhub eine größere Menge Gas zur Wirkung kommt, das schließlich nichts anderes ist, als chemische Energie. Aber der Hubraum ist bei Leistungssteigerungen eben gerade die Größe, die nicht verändert werden kann oder darf.

Deshalb sollten wir auch an dieser Stelle den Begriff der **Literleistung** einführen, der dazu dient, die Leistungen von Motoren mit unterschiedlichem Hubraum zu vergleichen, ohne daß der hubraumstärkere Motor immer besser dastehen muß. Das wird erreicht, indem man ausrechnet, welche Leistung der betrachtete Motor abgeben müßte, wenn er 1000 ccm, also einen Liter, Hubraum besäße. Hat also beispielsweise ein Motor mit einem zwanzigstel Liter Hubraum (= 50 ccm) 5 kW, dann hätte er bei einem Liter Hubraum 20 x 5 = 100 kW. So betrachtet hat also ein alter Kleinkraftradmotor fast allen Serien-Tausendern einiges voraus, die sich schon mit 70 kW sehr glücklich schätzen können.

Aber bis die kleinen Motoren zu solchen Kraftprotzen werden, sind mindestens zwei schwerwiegende Probleme zu meistern: Zum einen läßt sich das maximale Drehmoment eines Motors nicht über einen bestimmten Wert steigern; das lehrt die bittere Erfahrung. Und zum anderen verhält sich der Verlauf so, daß je höher der Betrag des maximalen Drehmoments ist, desto schmaler das Drehzahlband wird, in dem das Drehmoment eine akzeptable Größe hat. Der Grund hierfür ist die Resonanz der Gasschwingungen, worauf an späterer Stelle noch - dann aber ausführlich - einzugehen sein wird.

Nehmen wir also diese beiden Eigenschaften des Drehmomentverlaufs als naturgegeben hin, und das werden wir wohl oder übel tun müssen (es sei denn, einer von uns macht eine neue Erfindung), dann gibt es bei gleichbleibendem Hubvolumen nur die in den nächsten beiden Diagrammen gezeigten prinzipiell unterschiedlichen Möglichkeiten. Die dazugehörigen Leistungskurven sind - entsprechend der oben entwickelten Formel P = konst. Md n - ebenfalls eingezeichnet. Hier wird auch klar, daß das Drehmoment für unsere Betrachtungen die eigentlich wichtige Größe ist und nicht die Leistung, da sie immer vom Drehmoment abhängt, niemals umgekehrt. Deshalb zielen alle unsere Bemühungen, die Eigenschaften eines Motors zu verändern, immer zuerst auf eine Änderung des Drehmomentverlaufes ab, von dem dann natürlich indirekt die Leistung bestimmt wird, um die es uns eigentlich geht.

Ein Motor mit einem der Drehmomentverläufe aus dem folgenden Schaubild erreicht einen sehr hohen Maximalwert, hat aber nur ein sehr schmales nutzbares Drehzahlband - und damit auch ein sehr schmales Band, in dem Leistung abgegeben wird. In diesem Diagramm wird auch sehr gut deutlich, welchen Einfluß es auf die Leistung hat, wenn ein gleicher Drehmomentverlauf bei höheren Drehzahlen auftritt: Die Spitzenleistung ist bei der zweiten Kurve erheblich höher, dagegen stellt sich eine merkliche Leistungsabgabe erst bei recht hohen Drehzahlen ein.

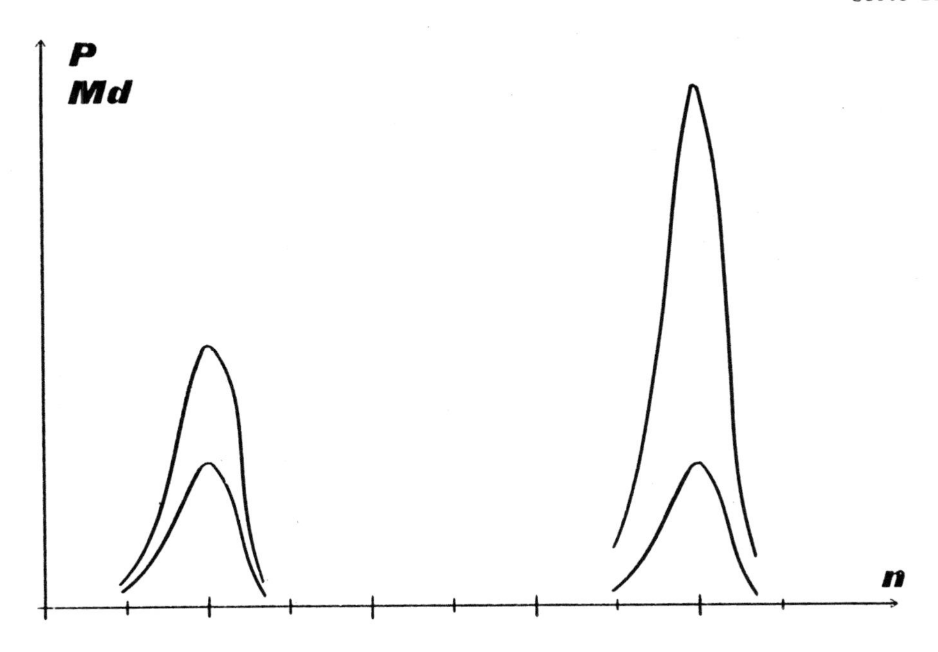

In dem unteren Diagramm ist die zweite Möglichkeit des Drehmomentverlaufes dargestellt: Das maximale Drehmoment liegt erheblich unter dem höchst möglichen Wert, dafür ist der Drehzahlbereich sehr breit, innerhalb dessen das Drehmoment groß genug ist, daß man es gut nutzen kann.

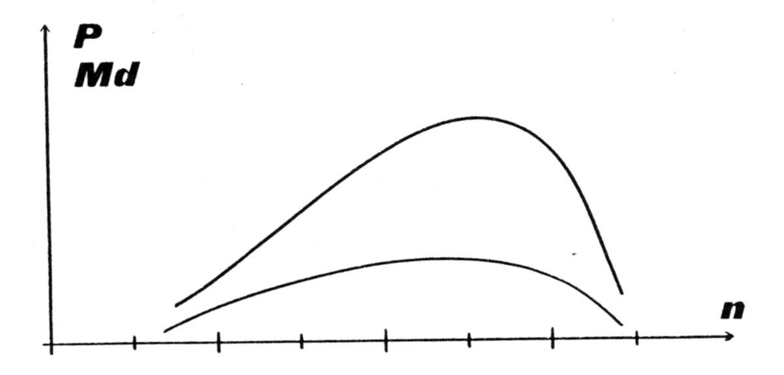

Man sieht, **daß** ein sehr hoher Maximalwert des Drehmoments - bei **zwangsläufig** damit verbundenem schmalem nutzbarem Drehzahlband - nur dann Zweck hat, wenn er bei hohen Drehzahlen auftritt, weil sonst die Leistung trotz des hohen Drehmoments recht bescheiden ausfällt. Und man sieht auch, daß dann der Motor bei niedrigen Drehzahlen praktisch überhaupt keine Kraft hat, was so weit gehen kann, daß er im Leerlauf immer wieder stehenbleibt. Kommt er aber auf Touren, dann setzt plötzlich eine enorme Leistungsabgabe ein, die für Fahrer nicht selten einen Flug in die Botanik zur Folge haben kann. Besonders einige großvolumige Zweitaktmotorräder der 70er Jahre waren dafür berüchtigt, daß sie sich bei einer Drehzahlerhöhung von weniger als 1000 1/min von einem Moped in eine rasende Rakete verwandelten; wer mit dieser Eigenart nicht rechnete, der landete beim Beschleunigen aus einer Kurve heraus unter Garantie neben der Fahrbahn - denn die plötzlich und völlig unerwartet einsetzende Leistung ließ das Hinterrad selbst bei sehr hohen Geschwindigkeiten durchdrehen, was in der Schräglage bekanntlich den gleichen Effekt hat wie Schmierseife.

Resümieren wir also nocheinmal unsere bisherigen Erkenntnisse (man kann sich diesen Sachverhalt nicht oft genug klarmachen):

1. Das Drehmoment kann über einen bestimmten Wert nicht gesteigert werden. Soll die Leistung des Motors dennoch erhöht werden, dann muß dieses, leider begrenzte Drehmoment bei höheren Drehzahlen auftreten - bei gleichzeitigem Drehmomentverlust für die niedrigen Drehzahlen.

2. Je höher der Wert des maximalen Drehmoments liegt, desto schmaler wird das nutzbare Drehzahlband und umso bissiger der Motor. Das heißt aber nicht etwa, daß die Bissigkeit durch hohe Leistung oder durch hohe Drehzahlen entsteht; es ist fast ausschließlich der spitze Drehmomentverlauf daran schuld, der aber sinnvollerweise meist in Verbindung mit hohen Drehzahlen und also auch hoher Leistung auftritt.

VERDICHTUNG

Wenn man die Funktionsweise eines Ottomotors einmal genau betrachtet, stellt sich einem fast zwangsläufig die Frage, wozu denn überhaupt die Verdichtung gut sein soll. Eigentlich scheint sie doch nur Arbeit zu verbrauchen, anstatt welche zu leisten, denn schließlich muß der Kolben gegen einen viel größeren Widerstand ankämpfen, wenn er sich in Richtung Brennraum bewegt, als wenn dort keine zu komprimierenden Gase wären, die sich ihm in den Weg stellen. Viel besser wäre es doch also, so sollte man meinen, das Frischgas gleich in den Brennraum zu leiten und dann unkomprimiert zu zünden.

Was also hat sich der Herr Otto dabei gedacht? Die Antwort lautet: Nichts. Denn die Verdichtung ist bei der Verwirklichung einer ganz anderen Idee abgefallen, als nämlich Otto 1861 die richtige Überlegung anstellte, daß es viel besser sein müßte, das Gemisch am Anfang des Kolbenhubes zu zünden, und nicht erst irgendwo in der Mitte, wie das bei seinen bisherigen Konstruktionen der Fall gewesen war, die in der ersten Hälfte eines jeden Kolbenweges noch das Frischgas ansaugten. Als gestandener Praktiker setzte er diese Idee auch gleich in die Tat um, indem er mit einem seiner herkömmlichen Motoren erst Gemisch ansaugte, danach das Schwungrad wieder zurückdrehte und dann erst zündete. Und siehe da: Waren seinen ersten Maschinen mehr soetwas wie knatternde Spielzeugmotörchen gewesen, die Mühe hatten, sich selbst in Gang zu halten, so machte nun plötzlich sein Schwungrad mit großer Kraft mehrere Umdrehungen - und er hatte, ohne gleich den eigentlichen Grund zu erkennen, den Grundstein für seine geniale Erfindung gelegt.

Der Nutzen der Verdichtung

Schaut man sich die Verdichtung nämlich einmal genauer an, stellt man fest, daß man ihr Unrecht getan hat mit der Meinung, sie verschwende Arbeit. Zwar wird Arbeit aufgewendet, um das Gas zu komprimieren, das muß zugegeben werden. Aber wir wissen auch, daß Arbeit niemals verloren geht, und deshalb auch in diesem Fall nicht; sie liegt nach dem Verdichtungstakt nämlich lediglich in umgewandelter Form vor, und steckt in der Energie des zusammengepreßten Gases, das nun - auch ohne Zündfunke - fähig ist, den Kolben zu bewegen, also

Arbeit zu verrichten. Die Arbeit, die zur Verdichtung aufgewendet werden muß, wird anschließend also fast vollständig wiedergewonnen, wenn wir einmal von den relativ bescheidenen Verlusten durch Erwärmung und durch infolge von Undichtigkeiten verlorenem Gasdruck absehen - daher resultiert auch die nur sehr geringe Bremswirkung von Zweitaktern, die bekanntlich bei langen Bergabfahrten die Bremsen zur Rot- und den Fahrer zur Weißglut bringen kann.

Wollte man die Bremswirkung erhöhen, so könnte man das erreichen, indem man den Motor das Gas zwar erst verdichten läßt, ihm dann aber die darin gespeicherte Energie entzieht - zum Beispiel mittels eines kleinen Loches in der Brennraumwandung, durch das das komprimierte Gas entweichen kann. In die Brennräume vieler Mopeds ist zur Starterleichterung ein sogenanntes Dekompressionsventil eingebaut, durch das, wenn es geöffnet ist, das verdichtete Gas ausströmen kann. Wer ein solches Moped besitzt, der kann das Ventil einmal nur leicht öffnen, so daß das Gas nur gegen einen großen Widerstand ausströmen kann; der Motor wird dann auf einmal in erstaunlichem Maße bremsen, woran man sich in brenzligen Situationen ruhig erinnern sollte, etwa dann, wenn bei einer Paßabfahrt die hintere Bremse ausfällt und die vordere das letzte Mal vor zwei Jahren eine Wirkung zeigte. Lastwagen haben übrigens eine solche Art der Bremse sogar serienmäßig vorgesehen, bekannt unter dem Namen Motorbremse, bei der nichts anderes geschieht, als daß das Auslaßventil leicht ausgehoben wird.

Aber halten wir uns nicht weiter mit Bremswirkungen auf, schließlich möchten wir wissen, was an Ottos Verdichtung nun so genial und leistungssteigernd ist. Führen wir dazu einmal folgendes Gedankenexperiment durch und beziehen wir auch die chemische Energie des Kraftstoffes mit ein: Angenommen, der Druck im Brennraum sei nach der Entzündung des Gemischs 20 Mal so hoch wie vorher. Betrug der Druck vor dem Zündzeitpunkt ein Pascal, dann wirken auf die Fläche des Kolbenbodens bis zum Öffnungszeitpunkt des Auslasses also 20 Pascal, wenn von der Druckverminderung durch die Ausdehnung des Gases jetzt einmal abgesehen wird. Wenn aber ein Druck auf eine Fläche wirkt, dann entsteht eine Kraft: $p = F/A$ also ist $p \cdot A = F$. Hätte der Kolbenboden beispielsweise eine Fläche von 1 m^2 (man lache nicht, schließlich möchten wir alle mit einfachen Zahlen rechnen, und außerdem sind Schiffsmotoren manchmal zimmergroß!) dann erfährt der Kolben eine Kraft von $20 \cdot 1 = 20$ ($\text{Pa m}^2 = \text{m}^2 \text{ N/m}^2 = \text{N}$). Wenn er dabei die Strecke von 1 m zurücklegt, dann gibt er also die Arbeit von 20 Nm ab: $W = F \cdot s$. Dies wäre der Fall, wenn keine Verdichtung vorangegangen war.

Wird nun das Gas, und zwar die gleiche Menge wie vorher, erst auf ein Zehntel des Volumens verdichtet, so benötigt diese Aktion zwar 2,3 Nm (wie dieser Wert entsteht, sei dahingestellt, weil für seine Berechnung die Integralrechnung benötigt wird und eine derartige Transaktion zum Verständnis wirklich nicht notwendig ist), dafür beträgt der Druck im Brennraum dann aber vor dem Zündzeitpunkt bereits zehn Pascal, nach der Zündung dann zwanzigmal soviel, also 200! Statt 20 werden so 200 Nm verrichtet, die Investition der 2,3 Nm für die Verdichtung bringt also den satten Gewinn von 180 Nm beim Arbeitstakt - und das bei derselben Menge verbrauchten Kraftstoffes. Das heiß nichts anderes, als daß der Kraftstoff besser ausgenutzt wurde: Der Wirkungsgrad ist gestiegen. Anfang letzten Jahrhunderts, als man noch auf der Suche nach dem Perpetuum mobile war, hat ein französischer Physiker namens Carnot ähnliche Gedanken- und auch normale Experimente zum Thema Wärmekraftmaschinen durchgeführt, die ihn dann zu folgender Formel geführt haben:

$$w = 1 - \frac{T1}{T2}$$

mit:
- T1 = Temperatur des ausströmenden Gases
- T2 = Temperatur des gezündeten Gases
  beide Temperaturangaben in der absoluten Temperatur Kelvin (0 Kelvin = $-273^{o}C$)
- w = Der thermodynamische Wirkungsgrad einer Wärmekraftmaschine

Die Formel beschreibt, zu welchem Grad die im heißen Gas steckende Energie in mechanische Energie umgewandelt werden kann. Dabei zeigt sie klar, daß der optimale Wirkungsgrad von 1 (= 100%) nicht überschritten werden kann, das heißt, es kann nachher nicht mehr mechanische Energie vorhanden sein, als vorher im Gas gesteckt hat. Für uns ist das natürlich nichts Neues, wir wissen ja, daß Energie weder aus dem Nichts entsteht noch einfach verschwindet. Aber gerade der Optimismus, der eigentlich im zweiten Teil dieser Aussage steckt, wird durch diese Formel zerstört: Weil nämlich T1/T2 immer größer sein muß als Null, besagt sie, daß der Wirkungsgrad von 1 nicht nur nicht überschritten werden kann, sondern auch nicht erreicht. Mit anderen Worten: Wärmeenergie kann niemals vollständig in mechanische Energie umgewandelt werden. Da aber immer, wenn wir irgendwo mechanische Energie erzeugen, auch gleichzeitig Wärme entsteht, z. B. durch Reibung, dann heißt das, daß im gesamten Weltall immer mehr <u>nutzbare</u> Energie verloren geht. Mit allem was wir tun, überführen wir also nutzbare Energie in nicht mehr nutzbare; uns geht also laufend Energie verloren, obwohl Energie nicht vernichtet werden kann. Diese Folgerung ist der Kern des neuerdings sehr berühmt gewordenen Entropie-Satzes. Zwar hat das alles reichlich wenig mit Motoren zu tun, es sollte hier aber trotzdem kurz angesprochen werden, weil es sich eigentlich zwangsläufig aus unserem Thema ergibt und höchstwahrscheinlich für die Zukunft der gesamten Menschheit von großer Bedeutung sein wird; wenn uns nämlich immer mehr Energievorräte verloren gehen, müssen wir uns schleunigst nach neuen Energiequellen umsehen, und zwar nach grundsätzlich neuen, also keinen Wärmekraftmaschinen - während nämlich beim Energieverbrauch mehr und mehr gespart wird, wird bei der Energieerzeugung bzw. -Umwandlung immer noch eine maßlose Verschwendung betrieben.

Jetzt aber wieder zurück zur Anwendung der Formel auf unsere Verdichtungserhöhung: Da bei höher verdichtetem Gemisch durch die Druckerhöhung auch gleichzeitig die Temperatur des gezündeten Gases zunimmt, wird die Temperaturdifferenz zwischen T1 und T2 größer, der Quotient T1/T2 also kleiner und der Wirkungsgrad nähert sich mehr dem theoretischen Maximum von 1: Der Motor leistet mehr und verbraucht weniger.

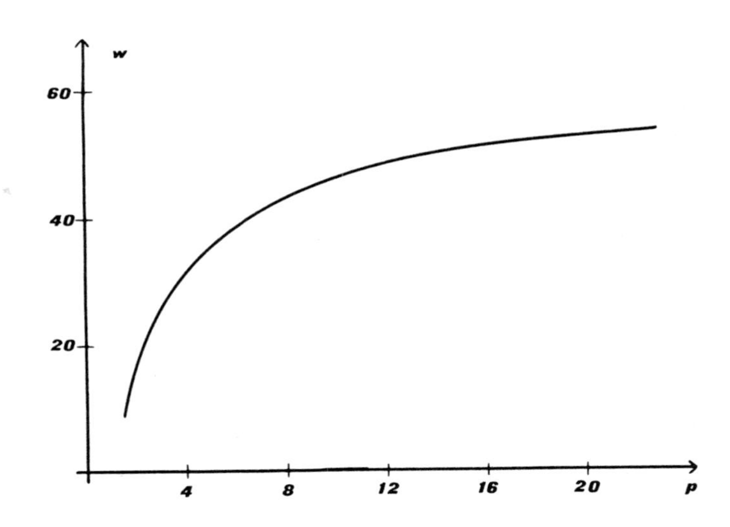

Hier der thermodynamische Wirkungsgrad in Abhängigkeit vom Verdichtungsverhältnis. Man sieht deutlich, daß eine Verdichtungszunahme bis etwa 12 : 1 eine erhebliche Verbesserung zur Folge hat.

Bedauerlicherweise kann die Verdichtungserhöhung nicht bis ins Unermessliche getrieben werden. Einerseits würde der Spitzendruck derartig zunehmen, daß es den Motor ganz einfach zerreißt; und andererseits würden durch die hohe Temperatur diverse Motorenteile die Festigkeit eines Kaugummies annehmen. Bei normalen Serienmotoren liegt die Grenze des Möglichen deshalb etwa bei einer Verdichtung von 12 : 1. Werte darüber hinaus hätten aber auch deshalb nur wenig Sinn, weil der Wirkungsrad dann nur noch unwesentlich zunimmt, wie auch die Diagramme zeigen, und außerdem an anderer Stelle in zunehmendem Maße Verluste auftreten würden, die den ganzen schönen Gewinn wieder zunichte machen.

Berechnung der Verdichtung

Was genau ist nun eigentlich die Verdichtung oder besser das Verdichtungsverhältnis? Theoretisch ist es das Verhältnis des Volumens, das dem Gas vor dem Beginn des Verdichtungstaktes zur Verfügung steht, zu dem Volumen, das es danach einnehmen kann. Bei der Kolbenstellung uT kann es sich im Hub- und Brennraum ausbreiten, bei der Stellung oT nur noch im Brennraum. Es gilt also:

$$p = \frac{Vh + Vb}{Vb} \qquad \text{oder} \qquad Vb = \frac{Vh}{p - 1}$$

Vh = Hubraumvolumen (ccm)
Vb = Brennraumvolumen
p = Verdichtungsverhältnis (p:1)

Dies wäre das sogenannte geometrische Verdichtungsverhältnis. Man könnte aber auch anders argumentieren und sagen, die Verdichtung könne schließlich erst dann einsetzen, wenn der Auslaß bereits verschlossen ist, da vorher das Gas aus ihm ausströmt, anstatt sich verdichten zu lassen. So gesehen käme man zu dieser Formel für das "effektive Verdichtungsverhältnis", das besonders in Japan gerne benutzt wird:

$$p = \frac{Vh \cdot \frac{h - s}{h} + Vb}{Vb}$$

h = Hub (cm)
s = Höhe des Auslaßschlitzes (cm)

Streng genommen sind aber beide Werte falsch. Weil durch den Auslaß nämlich nicht die ganze Öffnungszeit über Gas ausströmt, sondern im Gegenteil sogar wieder welches hineingedrückt wird, wie wir später noch sehen werden. Das effektive Verdichtungsverhältnis ist aber deshalb interessant, weil es zeigt, daß sich bei manchen Motoren hinter haarsträubenden geometrischen Werten durchaus humane effektive Werte verbergen können - dann nämlich, wenn der Motor sehr lange Auslaßöffnungswinkel besitzt. Jedenfalls ist hierzulande die Angabe im geometrischen Wert üblich und auch sinnvoll, weil bei Gebrauchsmotoren keine derart übermäßigen Öffnungswinkel vorkommen.

Erhöhung der Verdichtung

Wer die Wunderwirkung der Verdichtung gerne einmal mit eigenen Augen erleben möchte, der kann ohne große Probleme eine Verdichtungserhöhung an seinem eigenen Motor durchfühen. Bei manchen Motoren wird dadurch die Leistung über alle Drehzahlbereiche deutlich angehoben. Am besten geeignet sind Motoren, deren Verdichtung serienmäßig recht niedrig ist, etwa unter 8 : 1; liegt sie schon vorher höher, darf man sich keine allzu großen Hoffnungen machen, aber einiges an Kraftstoffeinsparung wird es trotzdem noch bringen. Über Werte von 12 : 1 soll aber jedenfalls nicht gegangen werden.

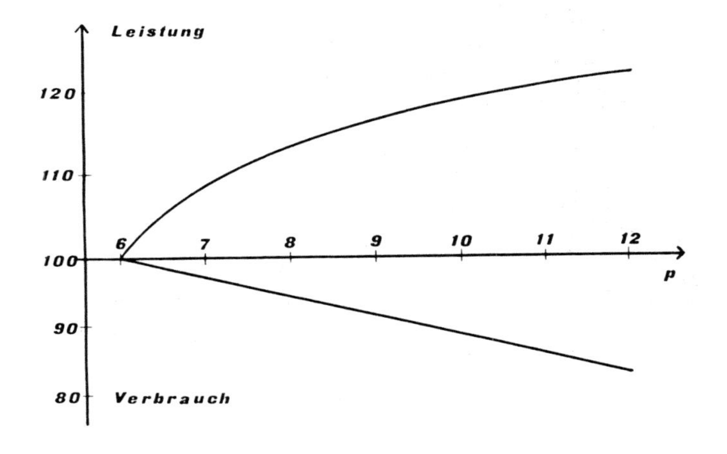

Hier die Leistungssteigerung und der Kraftstoffverbrauch in Abhängigkeit von der Verdichtung, prozentual auf den Wert von 6 : 1 bezogen. Die angegebenen Werte sind Mittelwerte und gelten für "normale" Motoren.

Die eigentliche Erhöhung der Verdichtung wird durch eine Verkleinerung des Brennraumes bewerkstelligt: An der Planseite des Zylinderkopfes wird einfach Material abgenommen. Man kann dies mit der Hand machen, indem man auf einer vollkommen ebenen Fläche Sandpapier aufspannt und darauf den Zylinderkopf kreisend abschleift. Dabei wird mit grobem Papier (60er) angefangen und am Ende zu immer feinerem übergegangen (mindestens 300er). Der Zylinderkopf darf am Ende nicht schief sitzen und die Berührungsfläche zum Zylinderfuß muß völlig glatt und eben sein, um noch ausreichend abdichten zu können. Immerhin wirkt auf sie der gesamte Verbrennungsdruck!

Um den Motor vor Schäden zu bewahren, sollte zwischendurch - und eventuell auch zu Beginn der Arbeiten - gelegentlich das Verdichtungsverhältnis gemessen werden. Dazu wird aus einem fein eingeteilten Meßzylinder Öl durch das senkrechtstehende(!) Kerzengewinde in den Brennraum gefüllt, bis der Flüssigkeisstand die halbe Höhe des Kerzengewindes erreicht hat. Bei der Kolbenstellung im oberen Totpunkt entspricht dann das Ölvolumen dem Brennrauminhalt, und dieser Wert kann anschließend in die Formel für das (geometrische) Verdichtungsverhältnis eingesetzt werden. Diese Methode der Volumenbestimmung nennt man übrigens "auslitern"; wir werden sie noch häufiger benötigen.

Weil dies eine recht nervenaufreibende Methode ist, die außerdem nur bei aufgeschraubtem Zylinderkopf angewendet werden kann, empfiehlt sich eine Rechnung vor der Verdichtungserhöhung. Und zwar ist die Brennraumverkleinerung

$$B = \frac{D^2 \cdot 3{,}14}{4} \cdot b$$

B = Brennraumverkleinerung (ccm)
D = Zylinderbohrung (cm)
b = Materialabnahme am Zylinderkopf (cm)

Allerdings gilt diese Rechnung nur für den Fall, daß der Brennraum in dem zu bearbeitenden Abschnitt eine zylindrische Form besitzt. Da aber fast alle Zweitaktmotoren einen glockenförmigen Querschnitt aufweisen, sind die ermittelten Werte auch meist zu groß - wenigstens die Größenordnung der Materialabnahme kann auf diese Weise aber gut abgeschätzt werden. Um eine abschließende Messung kommt man trotzdem nicht herum.

Einfacher und besser als den Zylinderkopf selbst abzufeilen, ist es natürlich, diese Arbeit gleich von einem Fachbetrieb, der dann auch über die geeigneten Werkzeuge wie Drehbank und Fräse verfügt, ausführen zu lassen, und allzu teuer ist es meist auch nicht (ca. 25 DM). Auf diese Weise hat man auch die Möglichkeit, die Verdichtungserhöhung an der Oberseite des Zylinders vorzunehmen und nicht am Zylinderkopf, was auch gleichteitig den Vorteil hätte, daß die Brennraumform erhalten bliebe. Es muß aber sehr penibel darauf geachtet werden, daß die Laufbahnbeschichtung keinen Schaden nimmt, was mitunter recht schwierig sein kann. Bei manchen Motoren hat man auch das Glück, daß eine sehr dicke Zylinderkopfdichtung verwendet wurde; dann kann eine Verdichtungserhöhung dadurch erreicht werden, daß man einfach eine dünnere verwendet.

In jedem Fall ist aber darauf zu achten, daß die Zündkerze noch einen genügend großen Abstand zum Kolbenboden hat, weil sich dieser sonst zu stark erhitzen würde und ihn deshalb danach ein großes Loch zierte. Besonders bei kleinen Zylindern kann - wegen der dann ebenfalls kleinen Brennräume - schnell ein kritischer Wert erreicht werden. Meistens passiert es aber vorher, daß der Kolben an die Brennraumwand anstößt. Diesem Übel kann nur durch Nacharbeiten der Brennraumform begegnet werden; mehr darüber steht noch in einem eigenen Kapitel.

Zuletzt nun noch die Liste mit Haken und Vorbehalten, die hier, wie leider auch bei fast allen anderen Veränderungen an Motoren, unvermeidbar folgen muß: Sicherlich wird ein Motor mit erhöhter Verdichtung anschließend ruppiger laufen als vorher und auch anfälliger werden, ganz einfach deshalb, weil die einzelnen Teile viel stärker belastet werden. Besonders wenn noch an anderer Stelle leistungssteigernde Maßnahmen angewandt wurden, können auf einmal ungeahnte Spitzendrücke auftreten. Und außerdem müssen die Brennraumform und die Zündanlage ebenfalls geeignet sein, um die gewünschten Effekte zu erzielen, nicht zuletzt auch der erhöhten Klopfneigung wegen. Insbesondere bei der Zündeinstellung muß man daran denken, daß durch eine Verdichtungserhöhung sowohl Verbrennungsdruck- und Temperatur steigen als auch - wegen der stärkeren Verquirlung - das Gemisch schneller durchbrennt, der Zündzeitpunkt demnach mit großer Wahrscheinlichkeit später liegen muß, damit der Spitzendruck nicht zu nah am oberen Totpunkt auftritt, weil er dadurch viel zu hoch würde.

WIDERSTÄNDE

Bei der Zucht von Rasse-Motoren sollte man zwischen zwei prinzipiell unterschiedlichen Gruppen von Maßnahmen unterscheiden: Zum einen sind da die Maßnahmen, die eine Veränderung des Drehmoments in **einem bestimmten** Drehzahlbereich bewirken sollen. Dazu gehören alle Arten der Abstimmung, besonders des Einlaß- und Auspuffsystems, aber auch der Steuerwinkel und die Festlegung der Kanalquerschnitte. Mit diesen Maßnahmen hat man die Möglichkeit, sich zwischen den weiter oben vorgestellten Drehmomentverläufen zu entscheiden. Und zum anderen gibt es die Maßnahmen, die eine Veränderung des Drehmoments zur Folge haben, ohne dabei an eine bestimmte Drehzahl gebunden zu sein. Dazu gehören die Änderung der Verdichtung, die Verminderung der mechanischen Verluste durch Reibung und - mit gewissen Einschränkungen - die Verminderung der Strömungswiderstände. Diese letztgenannte Gruppe ist die "zahmere" und hat im allgemeinen keine weltbewengenden Ereignisse zur Folge; dafür ist bei ihr das Risiko, irgendetwas falsch zu machen, aber auch so gut wie Null - also genau das Richtige für den Anfang.

Strömungswiderstände

Beginnen wir mit den Strömungswiderständen, weil sie uns praktisch an jeder Stelle begegnen werden, wenn auch in immer wieder anderer Form. Eine dieser Formen ist beispielsweise die Oberflächenrauhigkeit von Kanälen, durch die Gas strömt, besonders dann, wenn die Gasgeschwindigkeit groß ist. Denn aus der Sicht eines Gasmoleküls wird eine für unsere Verhältnisse glatte Fläche zur reinsten Kraterlandschaft, in der dann das gleiche passiert, was auch in winddurchströmten Straßenschluchten an der Bewegung von Blättern und Staub beobachtet werden kann: An allen Kanten und Nischen bilden sich Wirbel, in denen zwar noch eine heftige Gasbewegung herrscht, aber nicht mehr in der Richtung des Hauptgasstromes, auf den es uns aber einzig ankommt; große Teile des Gases drehen sich nur im Kreise und bewegen sich nicht fort. Auf diese Weise wird der effektive Kanalquerschnitt genüber dem sichtbaren, geometrischen verringert, weil in den Randzonen keine - genauer gesagt, keine gewünschte - Gasströmung auftritt, wobei das Ausmaß dieser Erscheinung mit der Rauhigkeit der Kanalwandung zunimmt und natürlich bei irgendwelchen Hindernissen im Gasstrom besonders schlimm wird.

Aber auch dort, wo die Kanalwand einen plötzlichen Knick beschreibt, oder - wie an Rohrenden - einfach zuende ist, bilden sich Wirbel, weil an diesen Stellen die Strömung abreißt. Die Gasmoleküle sind dann wegen ihrer Massenträgheit nicht mehr in der Lage, ihre Bewegungsrichtung sofort den neuen Gegebenheiten anzupassen, und beginnen in eine haltlose Chaotik zu verfallen. Etwas ähnliches passiert auch dann, wenn ein Kanal zwar gut verrundet ist, aber starke Richtungs- oder Querschnittsänderungen vollführt.

Als Gegenmaßnahme könnte man als eine Möglichkit grundsätzlich Kanäle mit vergrößertem Querschnitt verwenden - aber überall wird das nicht möglich sein, entweder weil ganz einfach kein Platz mehr zur Verfügung steht oder weil die Kanalöffnungen zu groß werden müßten und außerdem treten auch außerhalb von Kanälen, an anderen gasumströmten Stellen Widerstände auf. Das unangenehmste an allen Strömungswiderständen ist aber, daß sich ihr Einfluß einer einfachen Vorhersage entzieht und so die Überlegungen und Berechnungen, die man ohne Berücksichtigung der Widerstände angestellt hat, weitgehend über den Haufen werfen können. Besonders auf die Gasschwingungen, deren positive Wirkungen wir noch sehr schätzen lernen werden, haben sie einen höchst unangenehmen Einfluß, indem sie sie stark dämpfen.

Das Beste ist es deshalb, diese unerwünschten Strömungswiderstände von vornherein so gut wie möglich einzudämmen: Wenn Kanäle Kurven beschreiben, dann sollen deren Radien möglichst groß sein und sich am besten Schrittweise verkleinern, Knicke sollten nach Möglichkeit überhaupt nicht vorkommen - auch nicht im Auspuffrohr übrigens. Um der Oberflächenrauhigkeiten Herr zu werden, ist es günstig, alle gasumstrichenen Teile zu polieren, angefangen mit allen Kanalinnenwänden über die Pleuel mit den Hubscheiben bis zum Brennraum, wobei die Politur der beiden letztgenannten Teile allerdings zugegebenermaßen schon eher Spielerei ist, schon allein deshalb, weil sich zumindest im Brennraum sehr schnell wieder Verunreinigungen festsetzen. Allerdings kann dieser Vorgang durch Politur immerhin stark verlangsamt werden. Deshalb darf der Kolbenboden auch als einziges Teil nicht poliert werden, weil er häufig eine dünne Kohleschicht zur Wärmedämmung gegen die Brennraumtemperaturen benötigt. An allen anderen Stellen aber kann Politur nur nützen, niemals schaden - auch entgegen anderslautenden Gerüchten, die zwischenzeitlich verbreitet wurden, weil Porsche auf eimal bei Rennmotoren auf Politur verzichtete. Als Erklärung für den (angeblich) negativen Einfluß wurde manchmal behauptet, durch Politur

entstehe eine zu starke Bündelung der Gasstrahle, durch die sie sich dann nicht gut genug den Formen des Raumes anpassen könnten, den sie einnehmen sollen. Diese Erklärung scheint aber ganz einfach falsch zu sein, denn auch bei Porsche wurde immer gesagt, daß Politur zwar nicht unbedingt Vorteile hat, aber trotzdem niemals schaden kann.

Für das Polieren sollte man nach Möglichkeit eine Biegewelle verwenden, die mit möglichst großer Geschwindigkeit angetrieben werden sollte und für die extra für die Politur besondere gummi- bis watteartige Aufsätze erhältlich sind. Weil die wichtigsten zu polierenden Punkte aber an ziemlich schlecht zugänglicher Stelle liegen, wird man bald feststellen, daß das ganze zu einer ziemlichen Fummelei ausartet und einige Stellen sogar überhaupt nicht erreicht werden können. Man sollte sich dadurch aber nicht entmutigen lassen und am Ende aller Arbeiten, die man am Motor durchführen möchte, zumindest die Kanäle mit einer Politur beglücken, zumal der Erfolg tatsächlich größer sein kann, als erwartet. Und außerdem sind es gerade diese kleinen Details, die das "Tuning" vom Frisieren unterscheiden. Ein Friseur (diesmal ein echter), der einfach einen Topf über die Haare stülpt und dann rundum schneidet, frisiert zwar auch - besonders rassig wird das Ergebnis aber wohl nicht werden.

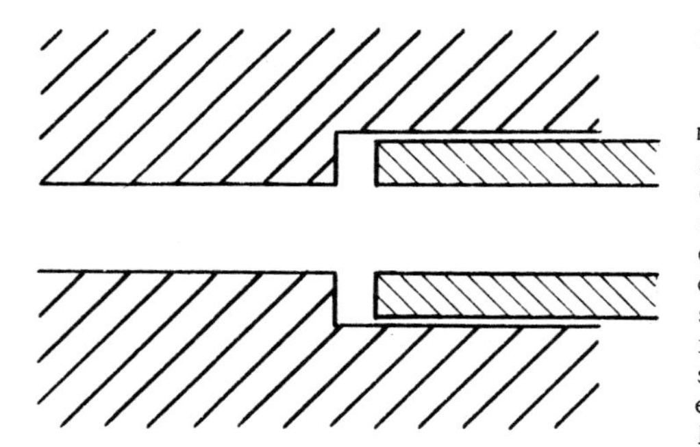

Leider sind derartige Topf-Frisuren sehr häufig schon serienmäßig anzutreffen. Oft wird man nämlich feststellen müssen, daß dort, wo ein Kanal durch zwei Motorteile läuft, eine wirbelbildende Kante entsteht, oder eine schlecht eingepaßte Dichtung entweder den Kanal verengt oder einen Spalt bildet - häufig beides auf einmal. Nicht selten sind auch in Kanälen Buchsen zu finden, an deren Ende ein Spalt entsteht. Wenn solche Stellen erst einmal entdeckt sind, können sie meistens sehr leicht ausgemerzt werden.

Soviel vorerst zu den Strömungswiderständen im Allgemeinen. Worauf an den einzelnen Stellen speziell geachtet werden muß, wird dann in den jeweiligen Kapiteln noch genau beschrieben; die Prinzipien sind aber immer die gleichen und sollten deshalb sowieso immer im Hinterkopf schlummern.

Die mechanischen Widerstände

Genau wie das Gas immer seine Schwierigkeiten hat, sich durch Kanäle zu zwängen, so tun sich auch Metallteile ein wenig schwer, wenn sie aneinander reiben müssen, was zur Foge hat, daß sie wertvolle mechanische Energie in unnütze Wärme umwandeln. Innerhalb eines Motors geschieht dies zum großen Teil durch die Reibung der Kolbenringe am Zylinder - hier könnte man allenfalls die Zahl der Ringe vermindern - und durch die Reibung innerhalb der Kurbelwellenlagerung, die deshalb gut eingestellt sein sollte. Wie soetwas genau gemacht wird, kann in einem so allgemeinen Buch wie diesem leider nicht beschrieben werden, weil sich die einzelnen Motorentypen zu sehr voneinander unterscheiden und es sich auch um eine nicht allzu einfache Arbeit handelt. Wer aber auch vor aufwendigen Arbeiten nicht zurückschreckt und sich an den Kurbeltrieb seines Motors heranmachen möchte, der sollte sich auf jeden Fall für seinen Motorentyp ein Werkstatthandbuch besorgen, was ohnehin auch für fast alle anderen Arbeiten sehr zu empfehlen ist. Man kann ein derartiges Buch meist direkt beim Motorenhersteller bzw. einem Vertragshändler kaufen und oft hat man auch im Buchhandel Glück.

Um aber wieder auf die mechanischen Widerstände zurückzukommen: Ein sehr großer Teil ist oftmals nicht im Motor zu finden, sondern - soweit ein Motorrad damit angetrieben wird - im Endantrieb. Es beginnt im Getriebe, in dem - neben der Einstellung der Lager natürlich - das Öl eine ganze Menge ausmacht; es sollte deshalb nicht zu verdreckt sein und auch die vorgeschriebene Viskosität besitzen. Die Viskosität ist der Grad der Verflüssigung und wird in "SAE soundsoviel" angegeben, Informationen darüber findet man in der Bedienungsanleitung seines Motors. Außerdem kann es notwendig sein, im Winter ein anderes Öl zu verwenden als im Sommer, da sich die Viskosität mit der Temperatur ändert und so das Sommer-Öl im Winter zu dickflüssig sein kann. Weil die Kupplung meist im Ölbad läuft, ist dies auch häufig der Grund für eine gewisse "Hakeligkeit" der Kupplung im Winter.

Auf die Endgeschwindigkeit des Motorrades können auch die Spannung und der Zustand der Kette einen nicht zu unterschätzenden Einfluß haben. Eine gut geschmierte und nicht zu fest gespannte Kette kann gegenüber einer verrosteten und viel zu festen durchaus einen Geschwindigkeitsgewinn von 5 - 10 km/h bringen, was schon eine ganze Menge ist. Und wenn man schon einmal dabei ist, dann kann man sich auch gleich noch den Reifendruck - besser zu viel als zu wenig - und die Einstellung der Radlager unter die Lupe nehmen.

AUSPUFF

Die Gasschwingungen

Es ist bekannt, daß sich die Gasschwingungen in Zweitaktmotoren wegen dort fehlender Ventile sebständig machen und daß deshalb die Bewegungen des Kolbens möglichst gut auf die des Gases abgestimmt sein sollten - oder umgekehrt. Um zu verstehen, wie das bewerkstelligt wird, muß man sich zuerst darüber im klaren sein, was ein Gas überhaupt ist. Dazu hilft recht gut folgendes Modell: Ein Gas ist die Ansammlung einer riesigen Zahl von Molekülen, die man sich als lauter kleine Bällchen vorstellen kann, die wie wild gewordene Flummies ohne Unterlaß in einem großen Raum herumhüpfen. Wenn einer der Flummies gegen eine Wand saust, dann prallt er ab, verpaßt der Wand aber einen kleinen Stoß; die Summe der Stöße von den ungeheuer vielen Gasmolekülen ist dann das, was wir als Wärme bezeichnen - und die Temperatur ist direkt proportional zu der Geschwindigkeit der Moleküle. Davon, daß die Bewegungsenergie, die in den kleinen Molekülen steckt, nicht gerade klein ist, kann man sich leicht durch einen Griff in kochendes Wasser überzeugen: Der auftretende Schmerz entsteht nämlich durch das Trommelfeuer abertausender Moleküle - und mit eben diesem Molekül-Beschuß wird auch der Kolben eines Motors in Bewegung gesetzt.

Nun ist es klar, daß wenn sich unsere Flummies in einem großen Raum befinden, sie ihn immer halbwegs gleichmäßig einnehmen werden. Denn wird der Raum vergrößert, zum Beispiel indem eine Wand verschoben wird, dann fliegen die Moleküle, die gerade dabei waren, gegen die Wand zu stoßen, einfach geradeaus weiter, und machen den nachfolgenden Platz, die sonst durch die zurückprallenden abgehalten worden wären, sich auch in gleicher Richtung zu bewegen. Dadurch fliegen mehr Moleküle in Richtung der fehlenden Wand, so lange, bis sich in dem neuen Raum gleichviele Moleküle befinden, wie überall sonst auch.

Auf diese Weise geschieht etwas ähnliches wie an einer Verkehrsampel mit langer Autoschlange: Wenn die Ampel grün wird, merkt der erste Autofahrer, daß ihm kein Hindernis mehr im Weg steht und fährt, darufhin bemerkt der zweite, daß der erste fehlt und fährt hinterher, ebenso der dritte, und so setzt sich der Anfahrvorgang durch die ganze Schlange bis zu deren Ende fort. Bezeichnet man nun einmal den Abstand zwischen den Autos in Anlehnung an das Gas-Modell als Druck, dann geht von der grün gewordenen Ampel eine Unterdruckwelle aus; genauso, wie eine von der Ampel weglaufende Überdruckwelle entsteht, wenn sie rot wird. Die Ausbreitungsgeschwindigkeit der Druckwellen hängt dabei im wesentlichen von der Zeit ab, die ein Autofahrer benötigt, um zu merken, daß sein Vordermann anfährt - und nur zweitrangig von der Geschwindigkeit, mit der sich die gesamte Schlange bewegt.

Unsere Gase verhalten sich wie gesagt ganz genauso. Was für die Autofahrer die grüne Ampel, ist für sie ein offenes Rohrende; eine rote Ampel entsprechend ein verschlossenes Rohrende. Die Ausbreitungsgeschwindigkeit von Druckwellen hängt bei ihnen von der Fixheit ab, mit der sie den Platz eines verschwundenen Nachbarn einnehmen können, also von der Gastemperatur, die, wie wir gesehen haben, lediglich eine Angabe über die Bewegungsgeschwindigkeit der einzelnen Moleküle ist.

Der Resonanzauspuff

Wenn man ersteinmal weiß, nach welchen Gesetzen sich die Gasschwingungen verhalten, dann ist es kein Problem mehr, sie für die eigenen Zwecke auszunutzen, nämlich indem man mit ihrer Hilfe den Ladewechsel unterstützt: Ziel ist es, nach dem Verbrennungsvorgang den Zylinder rasch vom Altgas zu befreien, um ihn schnell mit Frischgas füllen zu können, und zwar mit möglichst viel. Deshalb sollte also direkt nach der Verbrennung ein Unterdruck am Auslaß anliegen, um den Zylinder leer zu saugen, danach aber sollte das Frischgas möglichst unter Druck in ihn hineingepreßt werden. Genau das ist es, was mit einem Resonanzauspuff erreicht wird: Er sorgt dafür, daß die in ihm hin und her laufenden Über- und Unterdruckwellen im richtigen Augenblick am Auslaßschlitz anliegen, und mit dem Frischgas die eben beschriebenen Transaktionen ausführen; daher auch sein Name: Die Gasschwingungen stehen in Resonanz, das heißt in Einklang, mit den Kolbenbewgungen. Das Prinzip ist dabei folgendes:

Renntüte

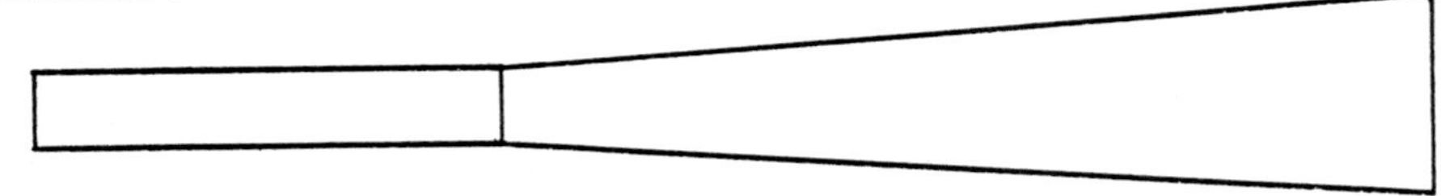

Wenn der Auslaß öffnet, dann strömen die noch unter hohem Druck stehenden Altgase durch das Auspuffrohr und erreichen recht bald den sich weitenden Teil des Rohres, den sogenannten Konus (oder auch Diffusor), der sich ähnlich verhält wie ein offenes Rohrende: Es wird eine Unterdruckwelle zum Auslaßschlitz zurückreflektiert, die saugend hilft, den Brennraum von den Altgasen zu befreien. Kurz nach dem ersten Weltkrieg haben sich die Rennmotoren-Bauer allein mit diesem Teil des Auspuffs begnügt - und brauchten auch überhaupt nichts anderes, weil damals die Zylinderaufladung noch mittels Kompressor erfolgen konnte; so wurde auf der Einlaßseite immer lustig hineingepumpt und auf der Auslaßseite - es war ja genug da - immer kräftig gesaugt. Die Renntüten, oder konischen Röhren, wie sie damals genarnt wurden, waren also das Nonplusultra.

Daß bereits damals das Rohr konisch war und der Auspuff nicht einfach schon nach dem Krümmer endete, hat auch seinen Grund: Ein offendes Rohrende reflektiert nämlich in dem Augenblick, in dem es von einer Gasdruckwelle durchlaufen wird, eine starke aber sehr kurze Unterdruckwelle - zu kurz, als daß sich damit der Zylinder gut entleeren ließe. Strömt die Gaswelle dagegen durch einen Konus, hat sie durch den dauernd zunehmenden Querschnitt den Eindruck, lauter "kleine" Rohrenden nacheinander vor sich zu haben, und so wird bei jeder Querschnittsverbreiterung eine kleine Unterdruckwelle ausgelöst. Auf diese Weise ist die saugende Wirkung zwar nicht ganz so stark wie bei einem wirklichen Rohrende, sie hält dafür aber über eine längere Zeit an und ist deshalb viel besser zu verwenden.

Anfang der 50er Jahre traf dann die Renntüten-Fetischisten aber der Schlag: Der Kompressor wurde für Sporteinsätze nämlich verboten. Aber schon kurz danach tauchten auf einmal merkwürdige Auspuffanlagen auf, die so aussahen, als seien zwei Renntüten in der Mitte zusammengeschweißt worden - und diese Geräte schienen sogar Vorteile zu haben. Was ging in den Köpfen der Konstrukteure wohl vor? Sie dachten sich das Prinzip - und sie behielten Recht damit - ungefähr so:

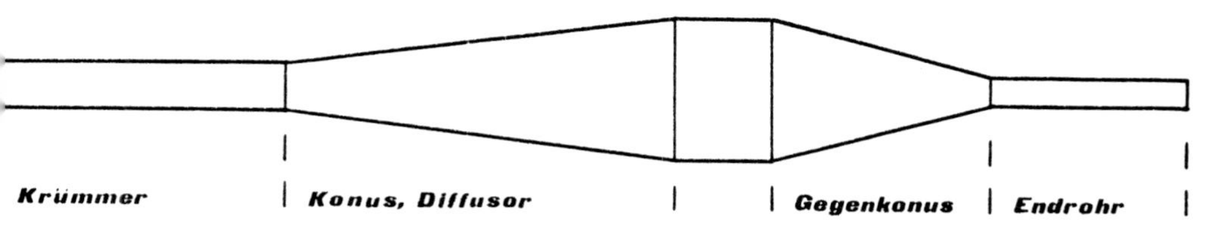

Während der Zylinder durch den Konus, die ehemalige Renntüte, noch entleert wird, erreichen die ersten Gasmoleküle bereits den Gegenkonus, durch dessen Engpaß sie nun hindurch müssen, und dessen Wirkung deshalb einem geschlossenen Rohrende ähnelt; eine Überdruckwelle wird zurückgesandt, aber genau wie bereits beim Konus besprochen, nicht nur ein kurzer Druckstoß, sondern eine länger anhaltende Druckwelle. Während diese sich nun zum Auslaßschlitz bewegt, saugt die Unterdruckwelle des Diffusors immer noch am Zylinder, obwohl er schon längst mit Frischgas gefüllt ist, wodurch auch teilweise Frischgas in den Auspuff hineinströmt. Doch bevor der Kolben den den Auslaß wieder verschließt, ist die vom Gegenkonus ausgehende Überdruckwelle eingetroffen und schiebt das entfleuchte Frischgas wieder in den Zylinder zurück - und wenn der Auslaß dann endlich wieder veschlossen ist, befindet sich dadurch auf einmal wesentlich mehr Frischgas im Zylinder, als wenn es einzig aus eigener Kraft hätte einströmen müssen.

Mit dieser raffinierten Methode gelingt es, die Energie, die in dem Druck der ausströmenden Altgase steckt, wiederzugewinnen, indem man mit ihr die Ladung des Zylinders verbessert, man ihn auflädt - so betrachtet hat der Resonanzauspuff tatsächlich einiges gemeinsam mit einem Turbolader am Viertakter; und besser als ein Kompressor ist er allemal, weil er normalerweise verlorene Energie zur Aufladung verwendet und nicht, wie der Kompressor, noch wertvolle mechanische Energie verbraucht. Allerdings funktioniert unser schöner Auspuff nur bei einer bestimmten Drehzahl, nämlich dann, wenn zwischen Öffnen und Schließen des Auslasses die gleiche Zeit vergeht, die eine Gasdruckwelle benötigt, um vom Auslaßschlitz zum Gegenkonus und wieder zurückzulaufen. Und diese Zeit hängt - gleiche Gastemperatur vorausgesetzt - nur von der Länge des Auspuffs ab. Da diese aber - zumindest während der Motor betrieben wird -

unveränderbar ist, kann der Auspuff nur mit einer bestimmten Drehzahl in Reso- stehen, bei allen Drehzahlen, die weit von der Resonanzdrehzahl entfernt , hat er keine Wirkung.

Jetzt wird auch klar, weshalb ein Drehzahlverlauf nur entweder flach und breit oder schmal und hoch sein kann: Der gesamte Zweitaktmotor ist ein einziges Schwingungssystem, in dem an tatsächlich jeder Stelle in irgendeiner Weise Gasschwingungen auftreten, die aber nur mit einer bestimmten Drehzahl in Resonanz stehen können und so die Zylinderfüllung bei genau dieser Drehzahl erheblich verbessern. Je kompromißloser ein Motor nun an all seinen Stellen auf genau eine Drehzahl abgestimmt ist, desto besser wird das Drehmoment bei dieser - und desto schlechter bei allen anderen Drehzahlen.

Bleiben wir aber vorerst beim Auspuff und versuchen wir, seine Resonanzlänge für eine bestimmte Drehzahl zu berechnen. Dazu benötigen wir zuerst die Zeit, in der der Auslaßschlitz geöffnet ist; sie kann leicht durch folgende Proportion ausgedrückt werden:

$$\frac{360^\circ}{phi} = \frac{T}{tö} \quad \text{also} \quad tö = \frac{T \cdot phi}{360^\circ} \quad (s)$$

Mit:
- T = Zeit für eine vollständige Kurbelwellendrehung um 360°
- tö = Zeit, in der der Auslaßschlitz geöffnet ist (s)
- phi = Winkel, um den sich die Kurbelwelle in der Zeit t dreht (°KW) (Die Einheit °KW bedeutet "Grad Kurbelwinkel")
- n = Drehzahl (1/min)

Die Zeit für eine Kurbelwellendrehung beträgt: T = 1/n (min = 60 s)
Wird dieser Wert in die Formel eingesetzt, ergibt sich:

$$tö = \frac{phi \cdot 60}{n \cdot 360^\circ} \quad (s)$$

In dieser Zeit tö (im Auspuff macht es in dem Augenblick übrigens wirklich "töff") muß die Druckwelle zweimal die Strecke vom Auslaßschlitz bis zum Ende des Gegenkonus zurückgelegt haben, nämlich erst hin und dann wieder zurück.

Um diese Resonanzzeit berechnen zu können, wird aber die Ausbreitungsgeschwindigkeit der Druckwellen benötigt - und die ist gleich der Schallgeschwindigkeit, denn unsere Gasdruckwellen sind in der Tat auch gleichzeitig Schallwellen, wie im allgemeinen leicht nachzuprüfen ist... Jedenfalls hängt die Schallgeschwindigkeit von mehreren Faktoren ab, nämlich zum einen von der Gastemperatur, wie wir bereits wissen, und zum anderen von der Zusammensetzung des Gases, in dem sich der Schall ausbreiten soll, weil verschiedenartige Gasmoleküle auch verschiedene Massen besitzen und diejenigen mit größerer Masse träger sind; sie verhalten sich so, wie lauter schlafmützige Autofahrer aus unserem Ampel-Beispiel.

Wir wollen diesen Einfluß aber vernachlässigen und einfach die Schallgeschwindigkeit in der Luft annehmen. Und zwar beträgt sie bei 0 °C: cs = 331 m/s. Für andere Temperaturen kann sie recht gut durch die Formel cs = 331 + 0,6T (m/s) berechnet werden, wenn für T die Temperatur in °C eingesetzt wird; am Auslaß beträgt sie etwa zwischen 200 und 300 °C. Mit diesem Wissen läßt sich nun leicht die Zeit ausrechnen, die die Druckwelle benötigt, um zweimal die Resonanzlänge des Auspuffs zurückzulegen:

$$tr = \frac{2 \cdot lr}{cs} \quad (s)$$

Mit:
- tr = Zeit, in der die Druckwelle vom Auslaßschlitz bis zum Ende des Gegenkonus läuft und wieder zurück (s)
- lr = Länge des Auspuffs vom Auslaßschlitz bis zum Ende des Gegenkonus (= Resonanzlänge) (m)
- cs = Schallgeschwindigkeit (m/s)

Nun soll die Öffnungszeit des Auslasses gleich der Resonanzzeit des Auspuffsystems sein, damit der Auspuff seine oben beschriebene Aufgabe erfüllen kann: tr = tö. Also gilt:

$$\frac{phi \cdot 60}{n \cdot 360^{o}} = \frac{2 \cdot lr}{cs}$$ und aufgelöst nach lr: $$lr = \frac{phi \cdot 60 \cdot cs}{n \cdot 360^{o} \cdot 2}$$

Wenn jetzt noch gekürzt wird, bleibt folgende einfache Beziehung übrig:

$$lr = \frac{cs \cdot phi}{12 \, n}$$

Damit kann man schon eine ganze Menge anfangen. Für cs wird die Schallgeschwindigkeit bei der Auslaßtemperatur eingesetzt, also etwa 500 m/s, für n setzt man die Drehzahl ein, für die man das Drehmoment optimieren möchte. Der Winkel phi wird bestimmt, indem man eine selbst gebastelte Winkelgradscheibe auf das Polrad steckt (mehr darüber in dem Kapitel über die Steuerzeiten) und schaut, um welchen Winkel man die Kurbelwelle drehen kann, während der Kolben den Auslaßschlitz freigibt. Streng genommen darf dabei nur der Winkel vom Öffnen des Auslasses bis zum Schließen der Überströmkanäle berücksichtigt werden, damit die zurücklaufende Druckwelle noch Gelegenheit hat, den Zylinder zu "überladen", damit also der Rück-Druck längere Zeit wirken kann; das rückwärtige Einströmen des Frischgases benötigt schließlich auch seine Zeit. Als Ergebnis der ganzen Rechnung erhält man dann die Länge des Auspuffs, genauer gesagt, dessen Resonanzlänge.

Dieser Wert ist ein wirklich brauchbarer Richtwert, mit dem man viel anfangen kann; aber man braucht sich deshalb nicht an fünfzehn Nachkommastellen festzuhalten, denn obwohl die Rechnung mathematisch vollkommen exakt ist, birgt sie doch einige Ungenauigkeiten in sich. Es fängt an mit der Gastemperatur, die man nicht genau kennt und die sich auch noch während einer Resonanzschwingung ändert, und zwar bei niedrigen Drehzahlen stärker als bei hohen, wenn die Gase nicht so lange Zeit haben, sich abzukühlen. Und dann ist da noch die Frage, wo das Ende der Resonanzlänge genau zu finden ist. Das ist nämlich ein wenig Ermessensfrage. Das Druckmaximum wird sicherlich dann reflektiert, wenn die Druckwelle die nicht vorhandene Spitze des Gegenkonus erreicht hat und versucht, sich durch das Endrohr zu zwängen. Andererseits werden aber bereits vorher die vielen "kleinen Druckwellen" zurückgesandt, die durch die konische Form entstehen. Man sollte deshalb am besten als Kompromiß das Ende der Reflektionslänge im hinteren Drittel des Gegenkonus ansiedeln, dann verschafft man sich auch gleichzeitig den Spielraum, Drehzahlen sowohl unter- als auch oberhalb der Resonanzdrehzahl zu bedienen.

Außerdem besteht ein Auspuff nicht nur aus der Resonanzlänge, sondern besitzt zusätzlich eine Fülle anderer Maße, die seinen Einfluß auf den Motor ebenfalls ganz erheblich bestimmen, die aber nicht so einfach berechnet werden können und deshalb trotz aller Wissenschaft zum großen Teil Erfahrungswerte bleiben. Sehen wir uns einmal an, was es da alles gibt:

Da ist zum Beispiel die Wirkung sowohl des Diffusors als auch des Gegenkonus umso ausgeprägter, je größer ihre Kegelwinkel sind, das heißt, je rascher sich ihr Querschnitt ändert. Leider sind sie bei stärkerer Wirkung auch mehr an eine bestimmte Drehzahl gebunden - oder können bei schwächerer Wirkung mehrere verschiedene Drehzahlen bedienen. Das liegt daran, daß die Zeitspanne länger wird, in der die Druckwellen entstehen, wenn der Gegenkonus bzw. der Diffusor länger werden, weil dann die Gase mehr Zeit benötigen, um durch sie hindurch zu stömen. Wenn die Wirkung aber über längere Zeit andauert, dann bedeutet das nichts anderes, als daß die Drehzahl stärker schwanken kann, ohne daß der Vorteil der kontrollierten Gasschwingung verloren geht: Das Drehzahlband, das durch die Resonanzschwingung unterstützt wird, wird verbreitert, der Drehmomentverlauf wird breiter - und natürlich auch flacher, denn die Intensität der reflektierten Druckwellen wird durch einen kleinen Diffusor- bzw. Gegenkonuswinkel vermindert.

Des weiteren gibt es auch noch das zylindrische Rohr zwischen Konus und Gegenkonus; es sollte nicht zu kurz sein, weil es sonst passieren kann, daß die Unterdruckwelle vom Konus und die Überdruckwelle vom Gegenkonus sich so dicht folgen, daß sie sich gegenseitig aufheben; dann funktioniert die Rückladung natürlich nicht. Deshalb soll sich das zylindrische Rohr etwa über 20 - 40% der Strecke vom Konusanfang bis zum Gegenkonusanfang erstrecken. Der Gegenkonus sollte dann etwa halb so lang sein wie der Konus.

Die Fläche des Krümmerquerschnitts sollte um 10 - 20% größer sein als die des Auslaßschlitzes, weil durch die Formänderung des Querschnitts vom Auslaßschlitz zum Krümmer gewisse Verluste auftreten und sich der Auslaßkanal vom Schlitz zum Auspuff hin etwas verbreitern sollte. Durch die Länge des Krümmers kann in gewissem Maße der Drehmomentverlauf geändert werden, weil sie die Zeit bestimmt, nach der die saugende Unterdruckwelle eintrifft. Für einen spitzen Verlauf sollte der Krümmer deshalb kürzer sein, seine Länge sollte dann etwa das 6 - 8fache seines Durchmessers betragen, für einen flacheren Verlauf etwa das 9 - 12fache; die gesamte Resonanzlänge muß natürlich unabhängig von der Krümmerlänge den berechneten Wert behalten.

Auch das Endrohr wirft noch einige Probleme auf: Wenn sein Durchmesser zu klein wird, dann wird das ausströmende Gas behindert, ist der Durchmesser aber zu groß, dann wird die Überdruckwelle nicht gut genug reflektiert. Als besten Kompromiß sollte er etwa 50 - 60% des Krümmerdurchmessers betragen, viel kleiner darf er aber nicht sein, weil sonst ein für den Motor eventuell tödlicher Hitzestau entstehen könnte. Auch die Länge des Endrohres ist nicht ohne Bedeutung; an dem offenen Ausgang ins Freie entsteht nämlich - wie von offenen Rohrenden bekannt - auch eine Unterdruckwelle, die bei zu kurzem Endrohr direkt hinter der im Gegenkonus mühsam erzeugten Überdruckwelle herläuft und, wenn sie zu früh am Auslaßschlitz eintrifft, die "Turbo-Aufladung" wieder zunichte macht. Deshalb sollte die Endrohrlänge das ca. 12fache des Endrohrdurchmessers betragen.

Der Schalldämpfer

Damit sind wir nun bei einem recht heiklen Thema: dem Schalldämpfer. Es ist bekannt, daß er in Bastlerkreisen normalerweise als höchst störendes Subjekt angesehen wird. Bevor wir ihn von vornherein verdammen, sollten wir ihn vorerst einmal genauer betrachten; er hat nämlich außer der Schalldämpfung noch eine weitere wichtige Funktion: In Serienmotoren wird die Reflexion der Druckwelle nicht durch den Gegenkonus ausgeführt, sondern durch ein **Prallblech**, das mit dem Schalldämpfer gekoppelt ist. Um genau zu sein: Der Schalldämpfer selbst ist das Prallblech.

Man sollte ihn ruhig einmal ausbauen und untersuchen: Auf der dem Auslaß zugewandten Seite besteht er aus einem konkaven (nach innen gewölbten) Blech, dem Prallblech nämlich, in dem sich einige Öffnungen befinden. Wenn das Altgas diese Öffnungen passiert, dann gelangt es über einige Winkel und Ecken in einen **Beruhigungsraum**, der von der Rückseite des Prallblechs und der Auspuffwand gebildet wird. Für das Gas ist es kein allzu großes Problem, diese Irrwege zu meistern; die Gaswellen aber tun sich ausgesprochen schwer: Schon durch den Winkelweg werden sie weitgehend gebrochen, in dem Beruhigungsraum toben sie dann noch einige Male hin und her, indem sie von Wand zu Wand sausen, und sind danach, wenn sie ins Freie strömen, weitgehend verebbt.

Der Schalldämpfer ist demnach also besser als sein Ruf: Seine Leistung besteht nämlich, wie wir eben gesehen haben, darin, daß er nur die Gasschwingungen vernichtet, nachdem sie ihren Dienst getan haben - und die Gasschwingungen sind ja auch gleichzeitig Schallwellen. Dem Altgas aber ist es freilich gleichgültig, ob es nun schwingend oder gedämpft ins Freie gelangt. Und der erhöhte Strömungswiderstand, den der Schalldämpfer dem Altgasstrom entgegen stellt, kann durch einen vergrößerten Querschnitt ausgeglichen werden - Raumprobleme gibt es im Auspuff ja nicht.

Wird der Schalldämpfer aber einfach ganz ausgebaut, dann fehlt als Nebeneffekt die Prallwand. Wenn jetzt die Reflexion der Druckwelle vom Diffusor übernommen wird, dann entsteht bei den Serienauspuffen das schon weiter oben beschriebenene Problem des viel zu kurzen Endrohres: Die Gase strömen direkt hinter dem Diffusor ins Freie und reflektieren damit eine Unterdruckwelle, die die Überdruckwelle einfach aufhebt - die Resonanzaufladung ist damit dahin.

Nun befindet sich aber der Geheimtip im Umlauf, daß angeblich alles vom Mofa bis zum Motorrad schneller fahren soll, wenn der Schalldämpfer entfernt wird. Das erstaunliche dabei ist: Es stimmt auch. Bei gedrosselten Motoren, also in Mofas, Mopeds und Leichtkrafträdern, ist das noch ziemlich leicht einzusehen. Dort sind ganz einfach die Durchlässe für den Altgasstrom viel zu klein - darin besteht nämlich meistens die Drosselung. Trotzdem wäre es aber wohl ziemlicher Unfug, die vielen Nachteile eines ausgebauten Schalldämpfers in Kauf zu nehmen, nur um etwas schneller fahren zu können.

Aber auch bei ungedrosselten Motoren soll eine Lärm-Behandlung von dem Erfolg einer Geschwindigkeitserhöhung gekrönt sein. Auch das stimmt häufig; mißt man einen solchen Motor aber einmal durch, dann stellt sich heraus, daß die Leistungsspitze höchstens nur ganz minimal zugenommen, manchmal sogar abgenommen hat - trotz größerer Höchstgeschwindigkeit. Des Rätsels Lösung ist aber auch in diesem Fall nicht schwierig: Durch die Auspuff-Abspeckung wurde die Leistungsspitze in etwas höhere Drehzahlen verschoben und das hat natürlich eine leichte Geschwindigkeitssteigerung zur Folge. Diesmal erfolgt die Verschiebung des Leistungsmaximums nicht aus Resonanzgründen, sondern weil das Entladen schneller vor sich geht; weil die Resonanz-Rückladung gleichzeitig abgeschwächt wird, steigt in diesen Fällen aber auch der Kraftstoffverbrauch ganz erheblich an. Das Drehmoment wird durch den fehlenden Schalldämpfer aber mit Sicherheit ziemlich überall verschlechtert, wodurch dem Motor dann jegliche Kraft in unteren Drehzahlen verloren geht; spätestens dann, wenn man vor Bergkuppen von Kinderwagen überholt werden könnte, wird man diesen Zustand als ausgesprochen unbefriedigend empfinden - zumal er eigentlich völlig überflüssig ist, denn er ließe sich ziemlich einfach vermeiden: Nämlich mit Schalldämpfer und Prallblech.

Allerdings darf ein wesentlicher Nachteil des "Resonanz-Schalldämpfers" gegenüber einem echten Gegenkonus auch nicht verheimlicht werden: Er besteht darin, daß ein Gegenkonus eine langgezogene Druckwelle reflektiert, ein Prallblech dagegen nur eine kurze Druckspitze; und dieser Unterschied kann sich auf den Drehmomentverlauf ganz empfindlich auswirken.

Woher bekommt man nun einen passenden Resonanz-Auspuff? Die billigste Lösung ist wohl die, einen vorhandenen Auspuff umzubauen. Schon mit wirklich allereinfachsten Mitteln läßt sich da eine Menge machen: Die Resonanzlänge kann allein dadurch verändert werden, daß das Auspuffrohr weiter in den Resonanzraum hineingeschoben oder herausgezogen wird. Wenn das nicht funktioniert, dann kann es auch ohne Probleme gekürzt werden - denn das wird wohl meistens erforderlich sein. Wir erinnern uns: Kürzere Resonanzlänge bedeutet eine Verbesserung des Resonanz-Effektes bei höheren Drehzahlen; das heißt Verlagerung des besten Drehmoments in höhere Drehzahlen und das wiederum bedeutet letztendlich eine höhere Leistungsspitze und auch größere Endgeschwindigkeit.

In vielen Fällen bleibt bei leicht gekürztem Auspuffrohr sogar die Leistung in den unteren Drehzahlbereichen erhalten, besonders dann, wenn gleichzeitig zu kleine Querschnitte innerhalb des Auspuffs beseitigt wurden. Allerdings ist es nicht leicht zu sagen, welches der richtige Querschnitt ist; er hängt im Wesentlichen vom notwendigen Auspuffvolumen und von der Fläche des Auslaßschlitzes ab. Aber diese Werte zu bestimmen, darin besteht die Schwierigkeit.

Viele kleine Motörchen, etwa aus Rasenmähern oder ähnlichem, die sonst prächtige Eigenschaften mitbringen, besitzen häufig soetwas wie zugeschweißte Ravioli-Dosen anstatt eines Auspuffes. Da ist natürlich für einen Umbau Hopfen und Malz verloren! Das Beste ist es hier, wie auch in vielen anderen Fällen, sich einen anderen, besser geeigneten Serien-Auspuff zu besorgen, was normalerweise weder besondere Schwierigkeiten noch Kosten verursacht, wenn man sich ein wenig umhört und nach einem gebrauchten sucht. Man muß dann aber auch darauf achten, daß das Auspuff-Volumen genügend groß ist.

Wer aber seinen Motor für anspruchsvollere Einsatzgebiete herrichten möchte, zum Beispiel für schwierigere Geländeeinsätze oder gar kleine Wettbewerbe, der wird mit solch einfachen Mitteln wahrscheinlich nicht auskommen. Für ihn gibt es noch zwei weitere Möglichkeiten: Die bei weitem teuerste Lösung ist wohl die, einen fertigen Rennauspuff zu erstehen. Allerdings sollte man sich diesen Schritt vorher gründlich überlegen, denn so überwältigend ist der Vorteil gegenüber einem gut angepaßten Serienauspuff meistens auch wieder nicht, dagegen sind die "Rennauspuffe" häufig eine mittlere Katastrophe - sie machen nämlich einen Heidenlärm, was ja eigentlich nicht sein müßte, wie wir wissen. Wahrscheinlich dient er dem Show-Geschäft...

Die ganz eingefleischten Meister-Bastler, aber auch wirklich nur die, haben noch die Möglichkeit, sich den ganzen Auspuff selbst zu bauen. Solch ein Gerät eignet sich aber natürlich nur noch für den Off-Road-Einsatz - und ob es dann alles in allem wirklich einem normalen Auspuff überlegen ist, das ist auch noch die Frage - denn aus mehreren Blechstücken einen derart komplizierten Körper zusammenzuschweißen, bildet schon ein ziemliches Problem; zumal die Strömungswiderstände die Sache noch einmal erheblich verkomplizieren.

Die Strömungswiderstände im Auspuff

Weil sie wohl für jeden, der entweder einen Auspuff basteln oder einen alten umbauen möchte, interessant sind, wollen wir sie uns hier kurz anschauen. Eigentlich sollte man sie in diesem Fall sogar eher "Schwingungswiderstände" nennen, denn ihre größte Untugend besteht darin, daß sie die sorgsam erzeugten Gasschwingungen beeinträchtigen - dämpfen, um das korrekte Wort zu verwenden -, wogegen sie die Gasströmung selbst weniger stark behindern können, weil im Auspuff wegen des großen Querschnitts eine ziemlich geringe Strömungsgeschwindigkeit herrscht.

In dem Ziel, die Schwingungen zu schützen, ist es die erste Aufgabe, von der erwünschten Hauptschwingung sich einschleichende Nebenschwingungen fernzuhalten. Sie entstehen an Kanten und dergleichen, und zwar als Randreflexionen; deshalb sollte der Querschnitt eines Auspuffs immer kreisrund sein, was zum

Glück auch gleichzeitig am einfachsten herzustellen ist - ein seltenes Ereignis! Dafür wird es an anderer Stelle wieder umso kniffliger: Wir wissen, daß Knicke in Kanalwandungen immer Wirbel verursachen und damit der Strömung, oder in diesem Fall eben den Schwingungen, schaden. Ein Auspuff ist nun aber, zumindest so wie wir ihn bisher kennen, eine äußerst eckige Angelegenheit, die es unbedingt zu verrunden gilt.

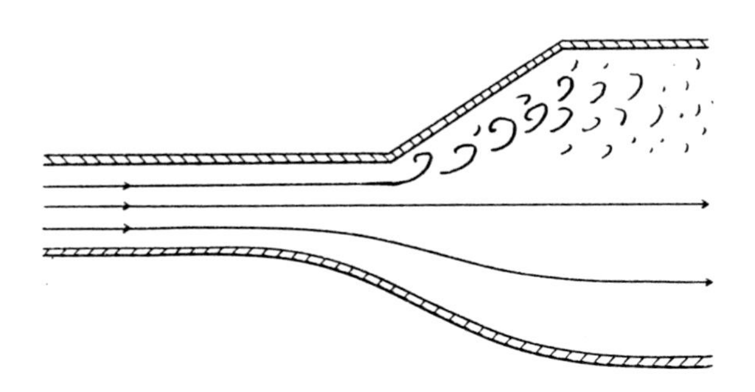

Man sieht hier schon, worauf es ankommt. Bei maschinell hergestellten Auspuffen kann die zweite, strömungsgünstige Form ziemlich gut eingehalten werden; bei selbstgebauten ist das dagegen so gut wie nicht möglich, weil ein Blech nur in einer Richtung gebogen werden kann, niemals in mehrere gleichzeitig. Wer es nicht glaubt, kann einmal versuchen, einen ideal geformten Auspuff, oder auch eine Kugel, aus einem Blatt Papier zu kleben, ohne es zu zerschneiden. Deshalb sind die selbstgebauten Auspuffe auch nicht zwingend besser als gute Serienauspuffe. Aber wenigstens kann man bei den Selbstbau-Auspuffen der Strömung etwas unter die Arme greifen, indem man nämlich einen starken Knick durch mehrere schwächere ersetzt. Dafür werden einfach einige konische Rohrstücke hintereinander gereiht und so die rundliche Form ein wenig angenähert, aber ohne daß ein Blech in zwei Richtungen gleichzeitig gebogen werden müßte:

Bedauerlicherweise bedeutet dieser - leider unerläßliche - Schritt ein ziemliches Mehr an Arbeitsaufwand. Aber wenn man schon dabei ist, dann sollte man auch darauf achten, daß der Übergang vom Auslaßschlitz über den Auslaßkanal im Zylinder zum Krümmer hin möglichst günstig geformt ist, das heißt, sich zum Auspuff hin konisch erweiternd. Man schlägt damit gleich mehrere Fliegen mit einer Klappe: Es nimmt dann nämlich nicht nur der Srömungswiderstand ab, sondern auch die Saugwirkung des Diffusors beginnt früher, wodurch der Zylinder rascher entleert wird.

Und nun wieder der übliche Hinweis: Alle bisher gesagte Theorie muß natürlich bekannt sein, wenn man einen Auspuff auf einen Motor abstimmen möchte; aber die endgültige Feinarbeit entsteht auch hier nur durch eigene Versuche, mit deren Hilfe dann die letzten Zentimeter der Resonanzlänge, der optimale Krümmerquerschnitt usw. ausgetüftelt werden müssen.

Seite 50

DAS EINLASS-SYSTEM

Der Ansaugvorgang bei einem Zweitakter ist ein Punkt, der sicherlich jeden etwas stutzig macht, der sich das erstemal mit ihm beschäftigt. Und das, obwohl der erste Teil des Ansaugens noch völlig klar ist: Während sich der Kolben vom unteren zum oberen Totpunkt bewegt, erzeugt er im Kurbelgehäuse einen Unterdruck, der anschließend, wenn der Einlaßschlitz freigegeben wird, das Frischgas ansaugt. Wenn der Kolben danach aber wieder zurückkommt, dann verkleinert er auch wieder das Kurbelgehäuse, erzeugt also einen Überdruck, weswegen wird das angesaugte Gas nicht wieder herausgedrückt?

Das Zauberwort lautet auch hier wieder: Gasschwingungen! Man muß sich das so vorstellen: Durch den Unterdruck wird die ganze Frischgas-Säule im Ansaugrohr langsam in Bewegung gesetzt und hat dann, wenn sich der Kolben im oberen Totpunkt befindet, eine ziemliche Geschwindigkeit erreicht. Dreht der Kolben nun seine Bewegungsrichtung um, dann bremst er die einströmende Gassäule freilich wieder ab - aber ebenso wie einige Zeit verstrichen war, bevor sie sich in Bewegung gesetzt hat, so braucht auch das Abbremsen seine Zeit. Und ehe der Kolben die Gassäule wieder zum Stillstand bringen konnte, ist der Einlaßschlitz schon wieder geschlossen, und das Kurbelgehäuse mit Frischgas gefüllt, und zwar mit viel Frischgas, weil es durch die drängelnde Gassäule schließlich unter Druck gesetzt wurde.

Die Schwingungsformeln

Allerdings nur unter einer Voraussetzung: Die Zeit, in der der Kolben seinen Weg zurücklegt, muß mit der Zeit übereinstimmen, in der die Gassäule beschleunigt und wieder abgebremst wird. Das riecht nach Berechnung. Und wirklich breiten sich die Druckveränderungen im Kurbelgehäuse wieder als Druckwellen durch die Ansaugleitung aus, nach genau den gleichen Gesetzen, wie schon vom Auspuff bekannt. Allerdings sind beim Einlaß die Berechnungen aus verschiedenen Gründen nicht ganz so einfach; der wichtigste Grund dafür ist wohl der, daß das Gas nach dem Durchqueren der Ansaugleitung nicht einfach ins Freie strömt, sondern in einen geschlossenen Raum, den Kurbelgehäuseraum nämlich. Jedenfalls kommt man durch entsprechende Überlegungen zu folgenden Formeln:

$$n = \frac{1750 \cdot phi}{\sqrt{Vk \cdot (\frac{1}{Fm} + \frac{1}{d})}}$$

oder aufgelöst nach l:

$$l = Fm \cdot (\frac{3065000\ phi^2}{n^2 \cdot Vk} - \frac{1}{d})$$

Mit:

n = Resonanzdrehzahl (1/min)
l = Resonanzlänge vom Einlaßschlitz bis zum offenen Ende des Ansaugrohres (also entweder bis zum Anfang des Ansaugtrichters oder bis hinter den Luftfilter) (cm)
phi = Öffnungswinkel des Einlasses (°KW)
Vk = Kurbelhausvolumen bezogen auf die Kolbenstellung, bei der der Einlaßschlitz öffnet (ccm)
Fm = Mittlere Querschnittsfläche der Ansaugleitung (cm^2)
d = Durchmesser eines dem Einlaßschlitz flächengleichen Kreises (cm)

Das sind sehr schöne Formeln. Aber was kann man nun mit ihnen anfangen? Nun, in dieser nackten Form sind sie arg unübersichtlich und deshalb ziemlich unbrauchbar. Wenn wir sie aber Stück für Stück in ihre Einzelteile zerlegen, werden wir feststellen, daß sie eigentlich nur halb so schlimm sind wie sie aussehen; haben wir sie dann aber verstanden, dann werden auf einmal alle Zusammenhänge klar werden und wir werden erkennen, wie die einzelnen Teile zusammenspielen, die man normalerweise für völlig voneinander unabhängig hält, und wie wir dieses Zusammenspiel optimieren können.

Der Einfachheit halber, damit wir uns nicht verzetteln, wollen wir uns nur auf die erste Formel beziehen; die zweite sagt ohnehin das gleiche aus, lediglich anders ausgedrückt. Schauen wir uns die erste Formel also an: Unter dem Bruchstrich steht der Ausdruck 1/d; durch ihn wird der Einfluß des Strömungswiderstandes ausgedrückt, der ja die Gasschwingung dämpft, sie also auch etwas langsamer werden läßt. Weil wir aber keine Erbsen zählen wollen und sowieso gelegentlich schätzen werden, können wir diesen Einfluß ohne weiteres vernachlässigen, ohne ein schlechtes Gewissen haben zu müssen. Das vereinfacht die Sache schon sehr, denn unsere (Näherungs-) Formel lautet jetzt:

$$n = \frac{1750 \cdot phi}{\sqrt{Vk \cdot \frac{1}{Fm}}}$$

Es ist hier vielleicht an der Zeit, etwas über die Formelzeichen zu sagen, damit ihre Bedeutung nicht jedesmal wieder erneut bekannt gegeben werden muß. Die Systematik ist nämlich denkbar einfach: Winkel werden immer als griechische Buchstaben geschrieben, meistens als phi, und in unseren Formeln für den Einlaß bezeichnet er immer den Winkel, um den sich die Kurbelwelle dreht, während der Einlaß geöffnet ist, also den Einlaßöffnungswinkel. Bei den anderen Größen wird als Abkürzung meist der erste Buchstabe des abzukürzenden Wortes verwendet. Also zum Beispiel l für Länge. Besitzt das Formelzeichen zwei Buchstaben, dann ist der zweite Buchstabe eine weitere Erläuterung zum ersten. Vk bezeichnet demnach ein Volumen, daher das V, aber nicht irgendein Volumen, sondern das des Kurbelhauses, deshalb auch noch das k. Wenn man diese Methode kennt, sind die Formelzeichen eigentlich ziemlich leicht zu behalten. Gleich eine kleine Probe: Was bedeutet wohl Md? Richtig: Moment dreh. Und Fm? Fläche mittel.

Kehren wir nun aber wieder zu unserer Formel zurück und schauen wir uns die Einflußgrößen nacheinander an. Beginnen wir am besten beim Öffnungswinkel, weil er auch den größten Einfluß auf die Resonanzfrequenz hat; das sieht man daran, daß er als einzige Größe nicht unter einer Wurzel steht. Man kann sich bei dieser Gelegenheit gleich merken, daß eine Größe das Ergebnis einer Rechnung umso stärker beeinflußt, je höher die Potenz dieser Größe ist. Also eine Größe, die quadratisch eingeht, hat einen größeren Einfluß als eine einfache Größe und diese wieder einen größeren als eine, die sich unter einer Wurzel befindet. Aber das nur nebenbei.

Um den Öffnungswinkel eines Motors zu bestimmen, braucht man nur am Polrad, das ja dierekt auf der Kurbelwelle sitzt, den Winkel zu messen, um den sich die Welle zwischen den Kolbenstellungen dreht, bei denen die Kolbenunterkante den Einlaßschlitz gerade beginnt freizugeben bzw. ihn wieder zu verschließen. Von diesem Winkel muß man dann aber noch etwa 25 - 30° abziehen, weil sich die Gassäule ja nicht gleich in dem Augenblick in Bewegung setzt, in dem der Einlaß gerade geöffnet wird, sondern erst etwas später, wenn die vom Kolbenhemd freigegebene Schlitzfläche bereits genügend groß geworden ist. Für die gleich im Folgenden durchzuführende Muster-Berechnung werden wir einen (gemessenen) Einlaßwinkel von 160° annehmen, der für die Rechnung gültige Wert beträgt also 130°. Wer diese Rechnung für seinen eigenen Motor noch einmal nachvollziehen möchte, der findet vielleicht auch in seiner Bedienungsanleitung eine Angabe über den Öffnungswinkel.

Die Bestimmung des völlig exakten Wertes für das Kurbelkammervolumen ist nur durch Auslitern möglich. Aber in der Praxis wird dieser Umstand glücklicherweise nicht erforderlich sein, man kann bei Serienmotoren davon ausgehen, daß das Kurbelhausvolumen ungefähr das 2,5- bis 3fache des Zylinderhubvolumens (des Hubraums) ausmacht. Für unsere Rechnung ist dieser Wert ohne weiteres ausreichend.

Zuletzt wird also nur noch die mittlere Querschnittsfläche der Ansaugleitung benötigt. Darunter kann man sich gleich etwas vorstellen, wenn man sich klarmacht, wodurch diese Fläche bestimmt wird: Durch die verwendete Vergasergröße nämlich. Weil sich das Ansaugrohr zum Einlaßschlitz hin etwas verbreitert, kann man sagen, daß die mittlere Querschnittsfläche etwa das 1,1fache der Querschnittsfläche des Vergasers beträgt. Für seinen eigenen Motor kann man sich diese bei Bedarf ja ohne weiteres ausrechnen. Wir wollen sie hier nach einer Faustformel ansetzen, nach der bei schnellen Motoren etwas mehr als 5 cm^2 Vergaserquerschnittsfläche pro 100 ccm Hubvolumen verwendet werden (für Rennmotoren sind auch noch 6,5 cm^2/100 ccm vertretbar), was bei einem 50 ccm-Motor einem Vergaserdurchmesser von etwa 18 mm entspricht. Der ganz genaue Wert für die mittlere Querschnittsfläche des Ansaugstutzens ließe sich übrigens durch Auslitern bestimmen, indem dann das ermittelte Volumen durch die Länge geteilt wird. Aber wie gesagt: Notwendig ist derartiges nicht.

Für die Beispielrechnung gilt jetzt also:

phi = 130°;
Vk = 3 Vh (ccm)
Die Vergaserfläche beträgt 5 cm^2 pro 100 ccm Hubraum: Fv = Vh 5/100 und die mittlere Querschnittsfläche der Ansaugleitung beträgt das 1,1fache der Vergaserfläche; sie ist deshalb gleich Fm = Vh 5/100 · 1,1 (cm^2); diese Gleichungen ergeben natürlich nur dann Sinn, wenn der Konstanten 5/100 noch eine Einheit gegeben wird, sonst würde nämlich eine Fläche einem Volumen gleichgesetzt - und das kann ja wohl nicht ganz stimmen. Für diejenigen, die es noch nicht selbst herausbekommen haben: Die Einheit muß 1/cm lauten.

Wenn man die ganzen Werte jetzt also einsetzt, erhält man die Drehzahl der besten Füllung in Abhängigkeit von der Länge der Ansaugleitung:

$$n = \frac{1750 \cdot 130}{\sqrt{\frac{3 \cdot Vh \cdot 20}{1,1Vh} \cdot l}} = \frac{1750 \cdot 130}{\sqrt{\frac{3 \cdot 20}{1,1}}} \cdot \frac{1}{\sqrt{l}} = 30800 \frac{1}{\sqrt{l}} \quad (1/min)$$

Diese Rechnung ist übrigens unabhängig vom Zylinderhubraum, weil bei einem größeren Zylinder zwar einerseits ein größeres Kurbelgehäuse entsteht, was die Resonanzdrehzahl sinken läßt, andererseits aber auch ein größerer Vergaser verwendet werden kann, wodurch die Drehzahl der besten Füllung wieder steigt. Beides hebt sich dann genau auf. Die folgenden Kurven, die mit Hilfe dieser Rechnung erstellt wurden, gelten also für jeden Hubraum.

Die Kurve a beschreibt einen Motor mit den Kenngrößen, die für die Beispielrechnung verwendet wurden, also einen halbwegs normalen Serienmotor. Man sieht, daß wenn bei dieser Auslegung das beste Drehoment bei 7500 1/min auftreten soll, die Länge der Ansaugleitung etwa 18 cm betragen muß. Dieser Wert dürfte beispielsweise bei sportlicheren Motorradmotoren auch ungefähr erreicht werden. Die maximale Leistung liegt natürlich immer bei etwas höheren Drehzahlen als das maximale Drehmoment, in diesem Fall also vielleicht bei ca. 8000 - 8500 1/min.

Kurve b zeigt den Fall, daß das Kurbelhausvolumen sehr klein ist, nämlich nur das 1,5fache des Hubraumes beträgt. Man sieht, daß durch eine derartige Kurbelraumverkleinerung die Drehzahl der besten Füllung immer etwa 1000 - 1500 1/min höher liegt, wenn alle anderen Größen unverändert bleiben. Das gleiche hätte sich auch erreichen lassen, wenn die Vergaserquerschnittsfläche verdoppelt worden wäre; das gäbe allerdings Probleme (Als Anhaltpunkt: Für einen 50-ccm-Motor wäre dann schon ein Querschnitt von 25 mm erforderlich).

Und Kurve c gilt für einen recht zugeschnürten Motor, bei dem die Vergaserfläche nur 2,5 cm^2 pro 100 ccm beträgt, also zum Beispiel 13 mm Durchmesser bei 50 ccm. Alle anderen Werte sind unverändert gegenüber der Kurve a. - Diese Kurven sind ürigens nicht nur überflüssiger Ballast, sondern sie haben auch einen weiteren Sinn, als bloße Veranschaulichung: Wer nämlich nicht alles selbst rechnen möchte, kann mittels des Schaubildes wenigstens Näherungswerte ablesen, eine der drei Kurven wird bestimmt halbwegs auf den eigenen Motor zutreffen.

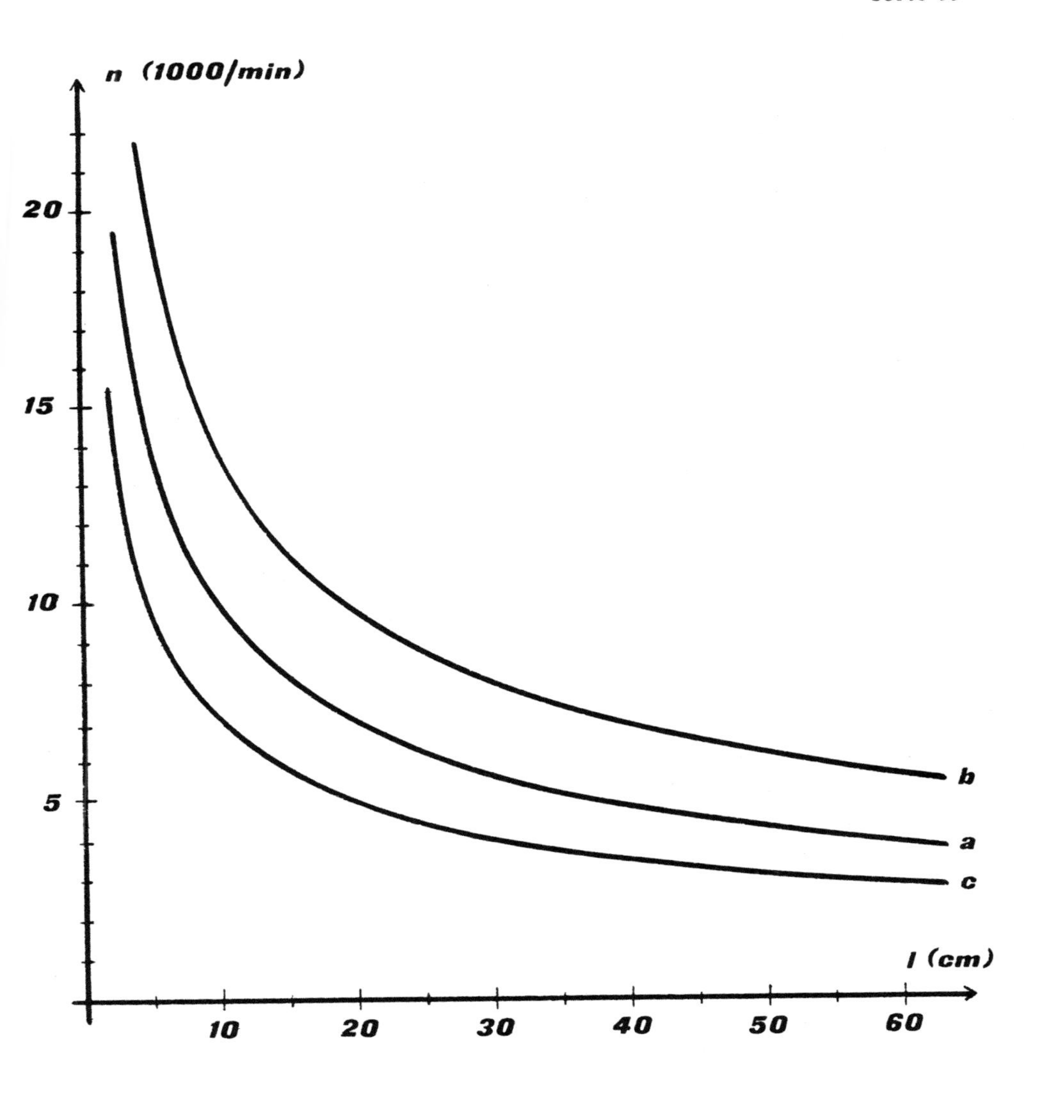

Diese Kurvenschar beschreibt die Abhängigkeit der Einlaß-Resonanzdrehzahl von der Schwingungslänge der Ansaugleitung; man kann sie zur graphischen Ermittlung von Näherungswerten für den eigenen Motor verwenden. Kurve a gilt für die Werte: phi = 130° (darin sind die 25° für den Anschwingvorgang nicht mehr enthalten; der entsprechende gemessene Winkel beträgt also 155°), Vk = 3 Vh und 5 cm^2 Vergaserquerschnittsfläche auf 100 ccm Hubraum.

Die Einzelteile des Einlaßsystems

Nachdem wir nun wissen, wie man die Formeln handhabt, sehen wir uns die Teile, die wir aufeinander abstimmen wollen, einmal einzeln an. Dabei ist besonders zu beachten, daß jedes Teil sowohl eine bestimmte Wirkung auf die Höhe des Füllungsmaximums hat, als auch dessen Lage verschiebt.

Das Kurbelkammervolumen

Für das Kurbelgehäuse wird häufig die Forderung ausgesprochen, es solle möglichst klein sein, damit die Pumpleistung des Kolbens erhöht wird. Daß die Pumpleistung tatsächlich von dem Kurbelhausvolumen abhängt, kann man sich leicht veranschaulichen, wenn man sich vorstellt, der Raum, in dem man jetzt gerade sitzt, sei das Kurbelgehäuse und oben in der Decke arbeite ein kleiner 50 ccm-Kolben; natürlich hätte das keinen sonderlich großen Einfluß auf den Luftdruck im Raum - durch den Einlaß, sagen wir durch das Schlüsselloch, würde schwerlich überhaupt irgendwelches Gas angesaugt. Ganz anders, wenn das Kurbelraumvolumen auf zum Beispiel 100 ccm verringert wird: Dann fällt die Volumenänderung durch die Kolbenbewegung viel stärker ins Gewicht, der Druck verändert sich sehr stark, kurzum, es wird viel mehr Frischgas in und durch das Kurbelgehäuse gepumpt.

Aber mit einem Haken: Zwar wird durch den hohen Unterdruck, der gleich nach der Einlaßöffnung vorhanden ist, die Gassäule sehr stark beschleunigt, womit schon bald eine hervorragende Füllung des Kurbelgehäuses erreicht wird; aber es kann passieren, daß dieser Zustand - eben weil das Kurbelgehäuse so klein ist - viel zu früh eintritt, noch lange bevor der Einlaß wieder geschlossen wurde. Bis der Kolben dann endlich wieder zurück ist, ist auch die Gasschwingung schon wieder durch den Einlaß zurückgelaufen und die Kurbelkammerfüllung damit miserabel.

Das zeigt, daß es bei der Auslegung des Kurbelraumes ebenfalls wieder, wie fast überall sonst auch, in erster Linie auf eine gute Abstimmung ankommt, denn was hat man davon, wenn der Motor bei 30.000 1/min sein bestes Drehmoment entwickelt? Die mechanischen Teile würden bestimmt in einen Bummelstreik treten. Wir können also folgendes festhalten: Wenn ein maximaler Füllungsgrad angestrebt wird, soll das Kurbelgehäuse a) möglichst klein sein und muß

b) bestmöglich auf das Schwingungssystem abgestimmt werden. Als Hilfe für die Abstimmung offenbart ein Blick auf die Formel, daß die Resonanzdrehzahl umso höher liegt, je kleiner das Kurbelgehäuse ist; ein kleiner Kurbelraum verbessert also das Füllungsmaximum und verschiebt es gleichzeitig in höhere Drehzahlbereiche.

Der Einlaßöffnungswinkel

Der Öffnungswinkel hat noch eine kleine Überraschung auf Lager. Es kursiert nämlich die Ansicht, es gelange umso mehr Gas in den Zylinder, je länger die Einlaßsteuerzeit ist - in Wahrheit ist genau das Gegenteil der Fall. Um das zu erklären, müssen wir uns nocheinmal die Besonderheiten des Einlaßvorganges vergegenwärtigen. Der Grund für eine gute Ladung war doch der, daß sich die einmal in Bewegung gesetzte Frischgassäule trotz des vom oberen Totpunkt wiederkehrenden Kolbens noch in das Kurbelgehäuse drängelt und so dort einen Überdruck erzeugt. Das heißt also, der Überdruck im Kurbelgehäuse, und damit der Grad der Füllung, hängt von der Geschwindigkeit der Frischgassäule ab. Diese Geschwindigkeit ist aber umso größer, je stärker der Unterdruck im Kurbelgehäuse zu Einlaßbeginn ist. Tatsächlich ist es so, daß **nur** der Unterdruck vor Einlaßöffnung entscheidend für den Füllungsgrad ist, weil nach dem Öffnen des Einlasses die gesamte Saugwirkung des Kolbens durch die auf dem Rückweg nach dem oT entstehende Druckwirkung wieder aufgehoben wird. Der Unterdruck im Kurbelgehäuse ist aber umso größer, je später der Einlaß öffnet und umso niedriger, je früher er öffnet. In aller Regel gilt deshalb: Die Zylinderfüllung wird durch einen längeren Ansaugwinkel verschlechtert.

Diesen ja nun wirklich ziemlich schwerwiegenden Nachteil wird man aber gerade bei schnellen Motoren zähneknirschend hinnehmen müssen. Denn, wie wir wissen, werden für große Literleistungen hohe Drehzahlen benötigt. Das bedeutet aber, daß der Gaswechsel möglichst rasch vor sich gehen muß, also daß die Kanäle möglichst früh geöffnet werden müssen. Ein kleiner Seitenblick auf die mittlerweile schon abgedroschene Formel zeigt, daß lange Ansaugwinkel, unseren Erwartungen entsprechend, die Resonandrehzahl nach oben verschieben. Generell gilt es aber, mit den Öffnungswinkeln möglichst sparsam umzugehen, um eine gute Zylinderfüllung zu ermöglichen.

Die Ansaugleitung

Man darf deshalb die andere Methode, den Gaswechsel zu beschleunigen, nicht vergessen: Durch große Kanal- und Schlitzquerschnitte gelangt natürlich ebenfalls in der gleichen Zeit eine größere Menge Gas als durch kleine - mit dem großen Vorteil, daß auf diese Weise nicht auch zwangsläufig die Füllung verschlechtert wird. Breite Kanalöffnungen sind also in jedem Fall langen Steuerwinkeln vorzuziehen. Leider sind aber auch hier wieder Grenzen gesetzt, weil einerseits die maximale Breite einer in den Zylinder mündenden Kanalöffnung begrenzt ist und andererseits weil auch der Vergaser eine bestimmte Größe nicht überschreiten darf - und ein großer Kanalquerschnitt hat ja nur Sinn, wenn der Vergaser entsprechend dimensioniert ist. Merken wir uns also: Eine große Querschnittsfläche der Ansaugleitung läßt die Höhe des Füllungsmaximums weitgehend unverändert, verschiebt es aber in höhere Drehzahlen.

Der Einfluß der Einlaßrohrlänge verhält sich ausnahmsweise so, wie man es auch erwarten würde: Die Resonanzdrehzahl liegt umso höher, je kürzer das Rohr ist. Der Grund dafür liegt auf der Hand, denn es ist klar, daß eine kürzere Gassäule auch eine kürzere Zeit benötigt, um sich in Bewegung zu setzen, schon allein ihrer geringen Masse wegen. Entsprechend wie eine längere Gassäule aber schwerer in Bewegung zu setzen ist, enthält sie natürlich auch mehr kinetische Energie, die zur Kurbelhausladung verwendet werden kann. Eine lange Ansaugleitung unterstützt den Ladevorgang bei niedrigen Drehzahlen also stärker, als eine kurze Leitung hohe Drehzahlen unterstützen kann. Aber ganz ohne Überraschung kommen wir auch beim Einlaßrohr nicht davon:

Die Einlaßschwingung

Weil die Einlaßschwingung eine echte Schwingung ist, kann sie natürlich auch mehrfach hin und her schwingen; wir haben diese Tatsache bisher vernachlässigt, weil wir uns hauptsächlich um die Resonanzdrehzahl gekümmert haben. Und das ist die Drehzahl, bei der der Kolben den Einlaß in genau dem Augenblick verschließt, in dem die Frischgassäule ihre Bewegungsenergie verloren hat und das Kurbelgehäuse bestmöglich gefüllt ist - weil in genau diesem Augenblick der maximale (Über-)Druck im Kurbelraum herrscht. Wäre der Einlaßschlitz in diesem Augenblick nicht geschlossen, dann würde das Frischgas natürlich - eben wegen dieses Überdruckes - wieder aus dem Kurbelraum herausschwingen.

Und wenn der Schlitz dann immernoch geöffnet bleibt, auch wieder hinein. Angenommen, der Kolben bliebe auf einmal im oberen Totpunkt stecken - das soll ja gelegentlich vorkommen - dann würde etwas sehr ähnliches geschehen wie an einem Pendel:

Wenn der Einlaßschlitz geöffnet wird, herrscht im Kurbelraum ein Unterdruck und in einem Gasdruck steckt bekanntlich immer Energie - ob Über- oder Unterdruck, das spielt keine Rolle, sondern ist nur eine Frage des Vorzeichens. Diese Energie wird verwendet, um die in der Ansaugleitung befindliche Frischgassäule in Bewegung zu setzen. Ist der Unterdruck dann abgebaut, ist die Energie nicht etwa einfach verschwunden - Energie verschwindet höchstens in Verbindung mit Entropie - sondern liegt lediglich in umgewandelter Form vor, sie steckt dann nämlich in der Bewegungsenergie der Frischgassäule. Wenn diese Gassäule dann ins Kurbegehäuse strömt, wird die kinetische Energie wieder in "Druck-Energie" umgewandelt und wenn dieser Vorgang abgeschlossen ist, die Druck-Energie wieder in Bewegungsenergie usw.. So schwingt die Gassäule also laufend hin und her, und zwar mit einer Frequenz, die ausschließlich von den uns bereits bekannten Einflußgrößen abhängt: Von Kurbelhausvolumen, Querschnitt und Länge der Ansaugleitung. Natürlich kann diese Mehrfach-Schwingung nur dann entstehen, wenn der Einlaß lange genug geöffnet bleibt.

Weil es etwas zu kostspielig gewesen wäre, am laufenden Band Kolbenstecker im oberen Totpunkt zu verursachen, sind die Ingenieure, die früher die Versuche zur Einlaßschwingung durchgeführt haben, so vorgegangen, daß sie den Kolben im oT festgeklemmt haben, und das Ende des Saugrohres mit einer Membran verschlossen heben. Dann wurde das Kurbelgehäuse unter Druck - bzw. Unterdruck - gesetzt, bis die Membran wegplatzte und die dann entstehende Schwingung gemessen, und zwar über den Druck im Kurbelraum - denn auf den kommt es schließlich an, er bestimmt den Füllungsgrad. Der Druck nimmt bei solchen Versuchen theoretisch folgenden sinusförmigen Verlauf:

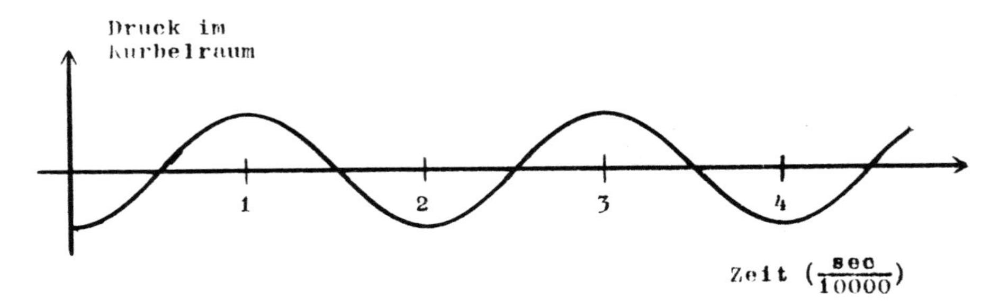

Nun steckt aber bei einem normalen Motor der Kolben im allgemeinen nicht im oT fest, sondern kommt irgendwann einmal zurück und verschließt den Einlaßschlitz. Im Hinblick auf eine gute Füllung sollte das möglichst dann geschehen, wenn der Druck im Kurbelraum besonders groß ist; bei Resonanzdrehzahl ist das auch der Fall, der Einlaß wird dann genau in dem Augenblick verschlossen, wenn die Kurve das erste Maximum erreicht hat. Läßt der Kolben den Einlaß aber doppelt so lange geöffnet, als er das bei der Resonanzdrehzahl zu tun pflegt, dann verschließt er ihn in einem Moment, in dem die Resonanzschwingung gerade wieder aus dem Kurbelraum herausgelaufen ist. Bei halber Resonanzdrehzahl erreicht deshalb der Füllungsgrad ein absolutes Minimum. Trödelt der Kolben aber noch mehr herum, oder besser gesagt, wird der Motor bei noch niedrigeren Drehzahlen betrieben, dann kommt die Gasschwingung wieder zurück und verbessert die Füllung erneut. Aber nicht mehr so stark wie beim erstenmal. Denn in Wahrheit ist die Gasschwingung stark durch die Strömungswiderstände gedämpft, so daß der wirkliche Druckverlauf etwa der Kurve auf der folgenden Seite entspricht.

In diesem Diagramm ist auf der Abszisse (der waagerechten Achse) anstatt der Zeit die Drehzahl abgetragen - die Drehzahl ist schließlich lediglich umgekehrt proportional zu der Öffnungszeit. Man sieht hier deutlich, daß die besten Füllungsgrade bei der Resonanzdrehzahl nr selbst und dann bei den ungeradzahligen Teilern erreicht werden, also bei nr/3, nr/5, nr/7, und daß die schlechtesten Füllungsgrade bei den geradzahligen Teilern liegen, also nr/2, nr/4 etc.. Hier kann man auch in ganz hohem Maße sehen, wie wichtig niedrige Strömungswiderstände sind: Wenn es sie überhaupt nicht gäbe, dann könnte man das erste Füllungsmaximum in sehr hohe Drehzahlbereiche legen und hätte trotzdem weitere Maxima bei niedrigen Drehzahlen. In der Realität fallen aber bei jeder Halbschwingung mindestens 30% der Schwingungsenergie den Strömungswiderständen zum Opfer, so daß das zweite Füllungsmaximum nur noch etwa 1/3 des Druckes des ersten Maximums aufzuweisen hat, dem ja auch schon 30% des Unterdruckes verloren gegangen ist, der vor Einlaßöffnung zur Verfügung gestanden hat und eigentlich nach Einlaßschluß vollständig in Überdruck hätte umgewandelt sein sollen. Und dabei ist 30% Verlust pro Halbschwingung bereits ein sehr guter Wert, der ziemlich schwer zu erreichen sein dürfte - ein Grund mehr, sich besonders sorgfältig um die Widerstände zu kümmern.

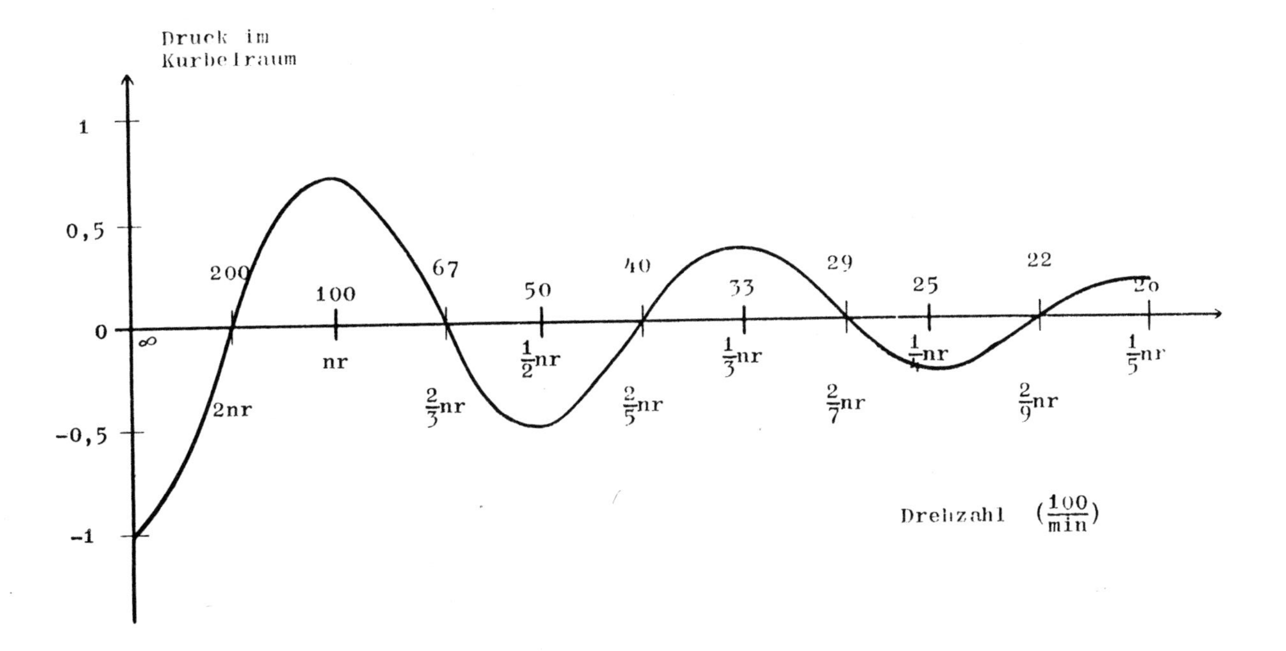

Dieses Diagamm zeigt den Druck im Kurbelraum (und damit auch indirekt den Grad der Füllung) in Abhängigkeit von der Drehzahl. Die Drehzahl ist zum einen als Vielfaches der Resonanzdrehzahl dargestellt (unterhalb der waagerechten Achse), zum anderen bezogen auf eine Resonanzdrehzahl von 100, also in %-Werten. - Man sieht, daß die Schwingung stark gedämpft ist: Vom zu Einlaßbeginn vorhandenen Unterdruck können nur 70% in Überdruck umgewandelt werden, pro vollständiger Schwingung gehen 50% der "Druckenergie" verloren. Und das gilt als guter Wert. Das Erstaunlichste, das dieses Schaubild aber zeigt, ist die Tatsache, daß hohe Resonanz-Drehzahlen das nutzbare Drehzahlband verbreitern und nicht, wie meist angenommen, verschmälern. Außerdem sieht man, daß der Füllungsgrad oberhalb der Resonanzdrehzahl langsamer abfällt als unterhalb: Der durch die Schwingung unterstützte Drehzahlbereich reicht nach oben bis zur doppelten Resonanzdrehzahl, nach unten aber nur bis zu zwei Dritteln der Resonanzdrehzahl.

Aber das erstaunlichste, das man aus dem oben gezeigten Diagramm ersehen kann, kommt erst noch. Die meisten Motorenbastler meinen nämlich, daß eine Verschiebung der besten Füllung, also der Resonanzdrehzahl, in höhere Drehzahlbereiche das nutzbare Drehzahlband verschmälert. Dieser Glaube entspringt wohl der Beobachtung, daß hochtourig zu fahrende Motoren meist keine Kraft von "unten" heraus aufzuweisen haben. Der Grund für diese Erscheinung ist aber der, daß wenn die Resonanzdrehzahl sehr hoch liegt, sie so weit von den niedreigen Drehzahlen entfernt ist, daß selbst ein breites nutzbares Band nicht ausreicht, um beide Drehzahlbereiche **gleichzeitig** zu bedienen. Aber daß das von der Resonanzschwingung unterstützte Drehzahlband bei Verschiebung der Resonanzdrehzahl nach oben nicht verschmälert, sondern verbreitert wird, das merkt man sofort, wenn man für die Skalierung des Diagramms Werte einsetzt:

Die Resonanzschwingung unterstützt den Ladevorgang in dem Bereich von 2nr - 0,67nr. Beträgt die Resonanzdrehzahl nr = 10000 1/min, dann werden also die Drehzahlen im Bereich von 20000 - 6700 1/min unterstützt, die Breite dieses Dehzahlbandes beträgt sagenhafte 13300 1/min. Liegt nr dagegen bei nr = 5000 1/min, dann befinden sich die unterstützten Drehzahlen zwischen 10000 - 3350 1/min, also in einem Bereich von 6650 1/min. Allerdings - und das macht die praktische Verwertbarkeit dieser Bevorzugung der hohen Resonanzdrehzahlen wieder weitgehend zunichte - liegt das rechnerisch sehr breite Band von 20000 - 6700 1/min in einem Bereich, den wohl kaum ein Motor mechanisch wird verkraften können. Aber die wichtige Erkenntnis, die man durch diese Rechnung gewinnen und im Gedächtnis behalten sollte, ist folgende: Die Drehzahl, auf die man die Einlaßschwingung mit Hife der Schwingungsformeln abstimmt, kann erheblich unter der geplanten Höchstdrehzahl liegen, weil das durch den Resonanzeffekt unterstützte Drehzahlband sehr breit ist und bis zur doppelten Resonanzdrehzahl hinauf reicht. Beachtet man diese Erkenntnis nicht und legt man die Resonanzdrehzahl überflüssigerweise zu hoch, dann wird der Motor sehr schnell schmalbrüstig, weil der unterstützte Drehzahlbereich nach unten wesentlich schneller endet, nämlich bereits bei 2/3 der Resonanzdrehzahl.

Schwingungskammer

Wir haben bei unseren bisherigen Betrachtungen über die Einlaßschwingung immer nur daruf geachtet, welcher Druck im Kurbelgehäuse nach Einlaßschluß herrscht, also wieviel Frischgas sich darin befindet. Es kommt aber nicht nur darauf an, mit wieviel Gas es gefüllt wurde, sondern auch darauf, wie dieses Gas beschaffen ist - und die Zusammensetzung des Gases verändert sich bei dem Hin- und Herschwingen leider ganz erheblich. Jedesmal nämlich, wenn die Gassäule durch den Vergaser hindurchströmt, streicht sie auch über die Nadeldüse und reichert sich mit Kraftstoff an. So geschieht es, daß das Frischgas nach mehrmaligem Hin- und Herstreichen restlos überfettet, also bei niedrigen Drehzahlen, weil ja nur dann der Einlaß lange genug geöffnet bleibt, damit die Schwingung mehrfach stattfinden kann. Daher auch der bei Zweitaktern häufig unrunde Leerlauf.

Um dieses Problem zu beseitigen, brauchte man eine Einrichtung, die eine in den Kurbelraum einströmende Gasbewegung nicht beeinflußt, bei der Rückbewegung das Gas aber davon abhält, wieder durch den Vergaser zu streichen und sich mit Kraftsoff anzureichern. Und eine derartige Einrichtung gibt es auch, und zwar in Form einer einfachen Schwingungskammer, neuerdings auch gern Druckreservoir genannt - man könnte auch leere Flasche dazu sagen: Es handelt sich um ein einfaches, leeres Behältnis, das mit der Ansaugleitung zwischen Vergaser und Einlaßschlitz verbunden ist.

Auf den Ansaugvorgang hat die Schwingungskammer keinen Einfluß, denn es ist natürlich gleichgültig, woher das Frischgas kommt, das ins Kurbelgehäuse strömt; wenn sich im Ansaugstutzen noch eine Schwingungskammer befindet, dann stammt eben ein Teil des Frischgases nicht direkt aus dem Vergaser, sondern aus der Kammer, in die es vorher in der Zeit, in der der Einlaß verschlossen gewesen war, eingeströmt war. Anschließend befindet sich aber in der Schwingungskammer ein Unterdruck. Bleibt nun der Einlaß zu lange geöffnet, so daß die Gasschwingung wieder zurückkehrt, dann strömt sie - zumindest größtenteils - in die Schwingkammer hinein und nicht durch den Vergaser, reichert sich also auch nicht an. Mit dieser einfachen Methode kann tatsächlich die Gemischzusammensetzung über einen sehr breiten Drehzahlbereich weitgehend konstant gehalten werden. Wirklich deutlich wird der Vorteil natürlich nur bei sehr niedrigen Drehzahlen.

Dieses eigentlich schon einige Jahrzehnte alte Prinzip hat neuerdings wieder eine Rennaicence erlebt, seit es Yamaha unter dem Namen Y.E.I.S. (Yamaha Energie Induction System) bei vielen Zweitaktmotoren einbaut; allerdings immer in Verbindung mit Membranventilen, die eigentlich schon alleine dafür sorgen - bzw. dafür sorgen sollen -, daß das Frischgas nur in den Kurbelraum hinein, aber nicht mehr heraus strömen kann. Es handelt sich bei dem Y.E.I.S. also um den reinsten Doppel-Moppel.

Die Abstimmung des Einlaßsystems

Jetzt können wir langsam beginnen, die ganzen Forderungen unter einen Hut zu bringen, und versuchen, das ganze Einlaßsystem abzustimmen. Das Ziel soll dabei vorerst sein, bei einer bestimmten Drehzahl, nennen wir sie n, eine bestmögliche Füllung zu erhalten. Das wird dann die Drehzahl des besten Drehmoments. Gleichzeitig möchten wir aber nicht nur ein gutes Drehmoment, sondern auch eine hohe Leistung, die Drehzahl der besten Füllung muß also ziemlich hoch liegen.

Wir wissen: Für eine hohe Drehzahl benötigen wir einen langen Ansaugwinkel, für eine gute Zylinderfüllung aber einen möglichst kurzen. Versuchen wir also, alle anderen Teile des Ansaugsystems soweit wie möglich auf hohe Drehzahlen auszulegen, um den kürzestmöglichen Ansaugwinkel zu erhalten. Ihn können wir dann mittels der Schwingungs-Formel bestimmen.

Der Kurbelraum muß also möglichst klein sein, denn dadurch wird sowohl die Resonanzdrehzahl in höhere Bereiche verschoben als auch der Füllungsgrad verbessert. Weil sich im Kurbelhaus aber der gesamte Kurbeltrieb befindet, sind nach unten ganz erhebliche Grenzen gesetzt; selbst ein sehr genau gefertigter Kurbelraum wird wohl immer noch etwa das 1,5fache des Hubraumes beanspruchen müssen. Das ist auch der Wert, der bei guten Rennmaschinen erreicht wird.

Damit auch die Ansaugleitung die Füllung bei einer hohen Drehzahl verbessert, muß sie kurz sein und einen großen Querschnitt haben. Dem Querschnitt ist aber bekanntlich durch die Vergasergröße eine obere Grenze gesetzt - wir erinnern uns an die Faustformel für die Vergaserfläche. In der Länge werden wohl mindestens 12 cm benötigt werden, wobei es schon etwas schwierig werden dürfte, darin den gesamten Vergaser und den Luftfilter unterzubringen. Aber nehmen wir ruhig einmal diese etwas optimistischen Werte an; mit viel Geduld und Gebastel kann man sie vielleicht erreichen.

Das einzige, was jetzt noch fehlt, ist der Einlaßwinkel, mit dem die gegebenen Werte optimal auf die Resonanzdrehzahl n abgestimmt sind. Um ihn zu erhalten, muß die Formel für die Ansaugschwingung nur nach phi aufgelöst werden:

$$phi = \frac{n}{1750} \cdot \sqrt{Vk \frac{l}{Fm}}$$

$$phi = \frac{n}{1750} \cdot \sqrt{\frac{1,5Vh\ 12\ \ 20}{1,1\ Vh}} = \frac{18}{1750} \cdot n \qquad (^{o}KW)$$

Soll beispielweise die Füllung für eine Drehzahl von 10.000 1/min optimiert werden, dann ergibt sich ein Ansaugwinkel von 103°, zu dem aber noch die 30° dazu addiert werden müssen, in der sich die Gassäule erst beginnt in Bewegung zu setzen. Alles in allem erhält man aber erstaunlicherweise einen ziemlichen humanen Steuerwinkel von nur 133°.

Ein Motor, der nach den Ergebnissen dieser Rechnung gebaut wird, hat jetzt also bei 10.000 1/min eine phantastische Zylinderfülung, besitzt dort ein - zumindest für eine solch hohe Drehzahl - enormes Drehmoment und eben wegen der hohen Drehzahl auch eine riesige Leistung. Das Ganze ist also geradezu rekordverdächtig! Aber halt: Bevor wir jetzt zur Tat schreiten und unseren Motor radikal auf maximales Drehmoment trimmen, müssen wir uns erst noch die Kehrseite der Medaille ansehen - wenn es die nämlich nicht gäbe, dann würden bestimmt schon längst alle Motoren auf diese Weise gebaut. Vergegenwärtigen wir uns nocheinmal, wie wir gerechnet haben: Alle Einflußgrößen wurden so ausgelegt, daß möglichst viel Frischgas in den Kurbelraum gelangt; das ist auch gelungen, die Füllung ist für die Resonanzdrehzahl wirklich hervorragend - aber auch nur dort! Direkt darunter und darüber ist der Füllungsgrad bei einer derartigen Gestaltung des Einlaßsystems eine reine Katastrophe und die Laufcharakteristik des Motors ebenfalls. In ein Motorrad eingebaut, erhielte man das reinste Rodeo-Roß.

Damit sind wir dann wieder bei der Erkenntnis, die schon zu Anfang dieses Buches gepredigt wurde: Der Drehmomentverlauf kann nur entweder hoch und schmal oder flach und breit sein; unsere Aufgabe ist es, den für den jeweiligen Fall besten Kompromiß zu finden. Um auf den Drehmomentverlauf Einfluß nehmen zu können, kann man sich merken: Je stärker eine Maßnahme die Füllung verbessert, desto drehzahlgebundener ist sie, oder härter formuliert, desto mehr verschlechtert sie die Füllung bei Drehzahlen, die von der Resonanzdrehzahl verschieden sind.

Weshalb das so ist, läßt sich leicht am Beispiel des Einlaßwinkels erklären: Die Füllung des Kurbelraumes wird bekanntlich umso besser, je kürzer der Einlaß geöffnet wird, weil dadurch der Unterdruck zu Einlaßbeginn vergrößert wird. Bleibt der Einlaß aber nur kürzere Zeit offen, dann heißt das, daß die ladende Druckwelle auch viel genauer eintreffen muß; sonst ist der Einlaß eventuell schon wieder geschlossen, bevor sie wirken konnte - daher die verstärkte Drehzahlgebundenheit. Ein kurzer Einlaßwinkel läßt also besonders oberhalb der Resonanzdrehzahl die Höhe der Füllung schnell abfallen, weil dann die Gaswelle noch überhaupt keine Chance hatte, zum Zuge zu kommen, weil sie ja einige Zeit benötigt, um sich in Bewegung zu setzen. Bei einem kleinem Kurbelraum ist es übrigens genau anders herum: Er läßt die Füllung besonders unterhalb der Resonanzdrehzahl schnell schlechter werden.

Mit diesem gesammelten Wissen ist es nun möglich, eine exzellente Auslegung des Einlaßsystems zu entwickeln. Man überlegt sich dafür zuerst, wie der Drehmomentverlauf, also die Motorcharakteristik aussehen soll. Dabei sollte man sich daran erinnern, daß für hohe Leistungen hohe Drehzahlen erforderlich sind, muß aber auch wissen, daß dann bei niedrigen Drehzahlen praktisch keine Leistung abgegeben werden kann, der Motor also immer bei hohen Drehzahlen betrieben werden muß. Wenn man sich dann nach reiflicher Überlegung für die Dimensionierung einiger der Größen durchgerungen hat, versucht man sie mittels der Formeln aufeinander abzustimmen - sonst funktioniert nämlich überhaupt nichts, es sei denn, man ist ein hundertprozentiger Insider, der schon durch Versuch und viel Irrtum auf den richtigen Pfad gelangt ist. Bei der Abstimmung muß natürlich auch noch darauf geachtet werden, daß das Einlaßsystem auch zum Auspuff paßt, denn letztendlich gehört bei einem Zweitakter alles irgendwie zusammen. Ja, und wenn dann klar ist, wie alle Teile auszusehen haben, kann man nun daran gehen, sie ein- bzw. umzubauen. Was es dabei alles zu beachten gibt, davon handelt das nächste Kapitel.

VERÄNDERUNGEN AM EINLASS-SYSTEM

Verkleinerung des Kurbelraumes

Schon bei den Betrachtungen über das Einlaß-Schwingungssystem wird sich bestimmt der eine oder andere gefragt haben, wie das Kurbelkammervolumen überhaupt verkleinert werden kann, wo es doch den gesamten Kurbelmechanismus beherbergen muß und so die untere Grenze eigentlich festliegt. Bei sehr sportlichen Motoren ist es auch tatsächlich meistens schon so ausgelegt, daß es ziemlich schwierig werden dürfte, noch irgendetwas zu verändern. Aber bei den meisten Serienmotoren ist noch eine ganze Menge Platz zwischen dem Kurbeltrieb und der Gehäusewandung, der eigentlich nicht unbedingt notwendig ist, der aber die Herstellung erleichtert, weil durch ihn die Fertigungstoleranzen ohne große Probleme etwas größer sein können. Für das Kurbelgehäuse ist er aber ungenutzter, sozusagen toter Raum - deshalb heißt er auch **Kurbelgehäusetotraum.**

Ihn kann man beseitigen und damit das Kurbelkammervolumen verringern. Es gibt dazu mehrere Möglichkeiten. Früher, als die Totraumbeseitigung große Mode war, hat man gern sogenannte Verdrängerringe aus Metall an den Hubscheiben angebracht, deren Befestigung aber größere Scherereien machte und die ein recht hohes Gewicht aufzuweisen hatten und deshalb die Schwungmassen unnötig vergrößerten. Obwohl man wohl auch heutzutage bei einer Totraumbeseitigung noch gelegentlich auf sie zurückgreifen kann, hat man doch wenigstens die Möglichkeit, auch andere Materialien zu verwenden, weil uns bessere Klebstoffe zur Verfügung stehen. Mit ihrer Hilfe können nämlich auch viel leichtere Körper gut befestigt werden, zum Beispiel Leichtmetallhohlkörper oder auch - man halte sich fest - Balsaholz, wenn es vorher durch mehrere Klebstoffschichten gut versiegelt wurde. Man hört sogar gelegentlich, daß der Totraum mit einem unter dem Kolben befestigten Korken beseitigt wurde. In wieweit diese Konstruktion aber alltagstauglich ist, nun, das kann man sich wohl denken.

Jedenfalls kann man, wenn man Spaß daran hat, ein wenig mit derartigen Dingen herumexperimentieren, denn vielleicht eignet sich ja der eigene Motor besonders gut für diese Maßnahme. Es muß aber darauf geachtet werden, daß zwischen beweglichen Teilen noch ein ausreichend großer Abstand vorhanden ist, etwa ein Millimeter, und daß die angebrachten Teile auch gut befestigt sind. Nicht, daß auf einmal ein Korken im Motor herumfliegt!

Doch, der Leser wird es schon an der etwas kurzgefaßten Abhandlung erraten haben, gehört die Totraumbeseitigung zu den weniger empfehlenswerten Maßnahmen. Zwar haben wir gesehen, daß ein kleines Kurbelgehäuse sowohl eine höhere Pumpleistung des Kolbens, als auch eine Verschiebung der Resonanzdrehzahl des Einlaßsystems zur Folge hat, was beides der Spitzenleistung zugute kommt. Aber man sollte sich von der erhöhten Vorverdichtung auch wieder nicht zu viel versprechen, weil schließlich in ein kleineres Gehäuse auch weniger Frischgas hineinpaßt - oder eben unter höheren Druck gesetzt werden muß, was ja tatsächlich auch geschieht. Jedenfalls geht auf diese Weise auch wieder etwas an gerade gewonnenem Zylinder-Füllungsgrad verloren.

Und außerdem ist diese Maßnahme von der praktischen Ausführung her ausgesprochen vertrackt, weil man sich ersteinmal zum Kurbeltrieb vorarbeiten muß - und das ist normalerweise ein ziemlich steiniger Weg. Man sollte also damit wirklich nur anfangen, wenn man schon einige Erfahrungen gesammelt hat, nicht zuletzt auch, weil schnell etwas in die Brüche gehen kann. Und außerdem wird es kaum möglich sein, sich durch Versuche an einen optimalen Wert heranzutasten, weil bestimmt niemand Spaß hat, fünfmal hintereinander das Kurbelgehäuse auseinanderzunehmen. Im allgemeinen ist es also sicherlich die bessere Lösung, den Kurbelraum zu lassen wie er ist und mit Hilfe der anderen Möglichkeiten, die zur Verfügung stehen, eine entsprechende Einlaßabstimmung vorzunehmen. Kümmern wir uns also um sie.

Die Ansaugleitung

Das Ansaugrohr hält man für das Teil im Einlaßsystem, an dem ohne irgendwelchen Aufwand Veränderungen durchzuführen sind. Daß das aber nicht so ist, merkt man sehr schnell, wenn man sich vergegenwärtigt, aus welchen Einzelteilen sie besteht:

1. Aus dem Einlaßkanal, das ist der Kanal, der vom Einlaßschlitz durch die Zylinderwand bis zum Ansaugstutzen führt. Weil irgerndwelche Veränderungen an ihm auch immer mit Veränderungen am Einlaßschlitz verbunden sind, und es bei diesen einiges zu beachten gibt, wird darauf noch in einem eigenen Kapitel ("Änderungen am Einlaßschlitz") eingegangen.

2. Aus dem Ansaugstutzen, der fälschlicherweise häufig mit der gesamten Ansaugleitung verwechselt wird. Er verbindet den Einlaßkanal mit dem Vergaser und ist ein Teil, an dem tatsächlich leicht Änderungen vorgenommen werden können.

3. Aus dem Vergaser, dessen Größe bekanntlich die (mittlere) Querschnittfläche der Ansaugleitung bestimmt. Leider wissen wir über ihn bisher viel zu wenig, um irgendwelche Entscheidungen treffen zu können. Deshalb werden wir ihn uns noch in einem gesonderten Kapitel vornehmen.

4. Aus dem Saugrohr mit Ansaugtrichter, bzw. aus dem Saugrohr mit Luftfilter und Ansauggeräuschdämpfer. In diesen Teilen gelangt die Luft das erstemal ins Ansaugsystem, die im Vergaser mittels Anreicherung mit Kraftstoff zu Frischgas verwandelt werden soll.

Es gibt nun drei verschiedene Möglichkeiten für Änderungen an der Ansaugleitung: Den Querschnitt, die Länge und die Strömungs- bzw. Schwingungswiderstände.

Der Ansaugstutzen

Weil der Ansaugstutzen in jeder Hinsicht so schön einfach ist, beginnen wir am besten die Beschreibung der angekündigten Maßnahmen mit ihm, obwohl er in der praktischen Ausführung wohl erst ziemlich am Ende aller Arbeiten an die Reihe kommen wird. Denn eben weil er so einfach zu bearbeiten ist, kann man mit ihm dann noch ohne große Probleme die letzten Feinabstimmungen vornehmen.

Sein Querschnitt ist durch den des Vergasers schon festgelegt, so daß man hier kaum noch Wahlmöglichkeiten hat; höchstens, daß er sich zum Einlaßkanal hin gleichmäßig verbreitert. Aber bezüglich der Länge hat man freie Hand. In vielen Fällen kann so auf einfache Weise die Resonanzlänge des Einlaßsystems geändert werden. Natürlich muß dafür der Luftfilterkasten ebenfalls verschoben werden, denn sonst ändert sich ja nur der Abstand zwischen Vergaser und Zylinder, nicht aber die Resonanzlänge, die bekanntlich durch die Entfernung zwischen der Eintrittsöffnung der Luft und dem Ansaugschlitz bestimmt wird.

Jedenfalls hat man durch den Ansaugstutzen ein gutes Mittel in der Hand, um Versuche bezüglich der Ansaug-Resonanzlänge durchzuführen, was für eine wirklich optimale Abstimmung wahrscheinlich immer notwendig sein wird. Zwar haben wir unsere Formeln, aber wir werden sehen, daß das in den allermeisten Fällen leider notwendige Luftfiltersystem noch einige Schwierigkeiten und Ungenauigkeiten bereiten wird. Und außerdem darf man sich generell nicht hinter Formeln verschanzen: Das letzte Wort muß immer der (Fahr-)Versuch haben.

Damit man sich nun nicht für jede zu erprobende Resonanzlänge einen neuen Ansaugstutzen kaufen muß, kann man sich mit einem kleinen Trick behelfen, indem man nämlich einfach den Vergaser mit einem Gummischlauch mit dem Ansaugstutzen verbindet, der dafür natürlich recht kurz sein muß; am besten sägt man einen alten direkt nach dem Flansch ab.

Auf Dauer ist diese Konstruktion natürlich weniger geeignet; für die Strömungswiderstände ist sie nämlich ausgesprochen ungünstig, und es wäre ja traurig, wenn die Energie der schwingenden Frischgassäule dafür verloren ginge, die ganzen Widerstände zu überwinden, anstatt das Kurbelgehäuse aufzuladen. Aber zur Abstimmung ist dieser Gummi-Stutzen ideal; die Einlaßrohrlänge kann jetzt nämlich einfach variiert werden, indem verschieden lange Schlauchstücke Verwendung finden. So kann man jede beliebige Länge im Fahrbetrieb ausführlich erproben und dann, wenn man mit dem Ergebnis zufrieden ist, einen normalen Ansaugstutzen auf die entsprechende Länge zurechtsägen, wobei allerdings noch mit einer gewissen Veränderung gerechnet werden muß, weil der Strömungswiderstand geringer wird. Dadurch wird dann die Füllung noch etwas verbessert und die Resonanzdrehzahl dürfte, wenn auch nur ziemlich unmerklich, in etwas höhere Drehzahlen verschoben werden.

Natürlich kann man auf die Resonanzlänge genauso leicht durch Änderungen am Saugrohr Einfluß nehmen, also an dem Teil des Ansaugrohres, das auf der anderen Seite des Vergasers liegt als der Ansaugstutzen. Das kann deshalb wichtig sein, weil durch das Saugrohr nur reine Luft strömt, wogegen im Ansaugstutzen das Benzin-Luftgemisch bereits zusammengesetzt ist. Das Frischgas-Gemisch hat nämlich die unangenehme Angewohnheit, an kalten Rohrwandungen zu kondensieren - das ist mit ein Hauptgrund, weshalb alle Motoren direkt nach dem Starten erst eine Warmlaufphase benötigen oder überhaupt so schwer anspringen. Jedenfalls ist die Gefahr für dieses Kondensieren bei langem Ansaugstutzen sehr groß, zum einen, weil die Fläche der Rohrwand, an der kondensiert werden kann, größer ist, und zum anderen, weil sich das Rohr auch langsamer erwärmt. Andererseits kann genau das auch wieder ein Vorteil sein, weil ein zu heißer Vergaser auch nicht gerade erwünscht ist.

Es wird also wieder einmal ein Kompromiß nötig. Man kann sagen, daß, wenn der Motor viel bei kalten Temperaturen betrieben oder viel im Kurzstreckenbetrieb eingesetzt wird, ein kurzer Ansaugstutzen besser ist. Durch ihn kann die Warmlaufphase tatsächlich erheblich verkürzt werden, wogegen ein zu langer Stutzen unter schwierigeren Bedingungen eventuell nie auf seine Betriebstemperatur kommt, zum Beispiel im Schnee. Bei sehr hohen Außentemperaturen sollte dagegen wenigstens darauf geachtet werden, daß das Benzin im Vergaser nicht gerade siedet. Wegen der geringen Wärmeleitfähigkeit haben sich deshalb auch Ansaugstutzen aus Gummi gut bewährt, die gleichzeitig noch Erschütterungen vom Vergaser fernhalten.

Ansaugtrichter

Da wir schon gerade beim Saugrohr waren, können wir auch gleich noch einige Details durchsprechen. Bei den allermeisten Motoren existiert es nämlich überhaupt nicht - zumindest nicht in seiner reinen Form, weil die Luft fast immer erst durch den Luftfilterkasten hindurch muß. Aus dem Saugrohr wird so einfach ein Verbindungsrohr zwischen Luftfilterkasten und Vergaser, von (An-)Saugen kann gar keine Rede mehr sein. Nur Renn- und Rekord-Motoren - für die ohnehin nur eine sehr kurze Lebensdauer vorgesehen ist und die ausschließlich in weitgehend staubfreier Umgebung betrieben werden - können es sich leisten, die Luft einfach ungereinigt direkt vor dem Vergaser anzusaugen. Solche Motoren sind manchmal sogar dazu gezwungen, weil sie für ihre hohen Literleistungen mit extrem hohen Drehzahlen gefahren werden müssen, und dafür bekanntlich eine kurze Resonanzlänge erforderlich ist - eine so kurze, daß für einen **Luftfilter** überhaupt kein Platz mehr wäre. Außerdem ist bei derartig hohen Drehzahlen auch die Strömungsgeschwindigkeit des Gases so hoch, daß Strömungswidersände ungleich stärker ins Gewicht fallen, als bei niedrigen Drehzahlen; ein Luftfilter wäre also auch deswegen sehr hinderlich.

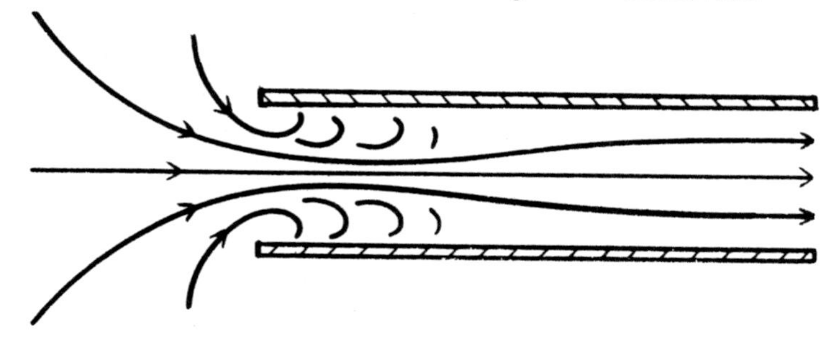

Aber selbst wenn die Luft einfach durch ein offenes Saugrohr direkt vor dem Vergaser angesaugt würde, wäre das für die Strömung bereits hinderlich. Das seitlich einströmende Gas würde dann nämlich den Hauptgasstrom einengen und Wirbel verursachen.

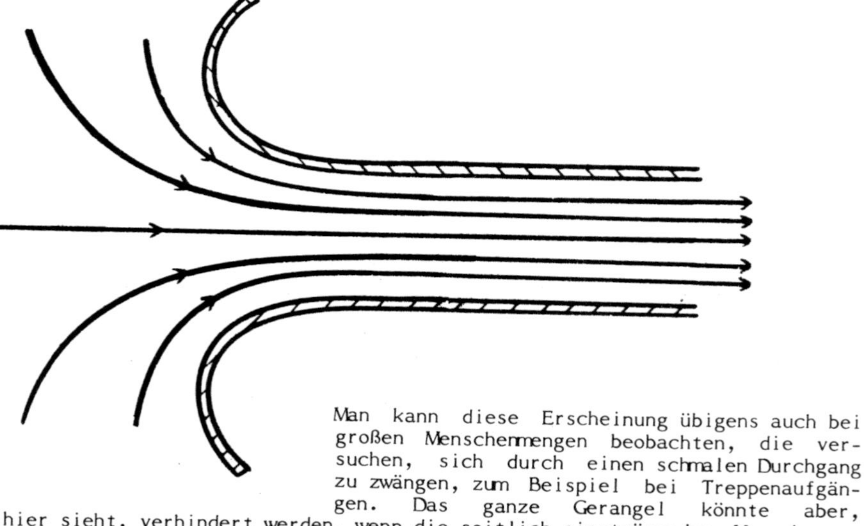

Man kann diese Erscheinung übigens auch bei großen Menschenmengen beobachten, die versuchen, sich durch einen schmalen Durchgang zu zwängen, zum Beispiel bei Treppenaufgängen. Das ganze Gerangel könnte aber, wie man hier sieht, verhindert werden, wenn die seitlich einströmenden Menschen - oder Gasmoleküle - langsam in den Hauptstrom integriert würden.

Vermutlich würden die Menschen allerdings protestieren, wenn man Treppenaufgängen in Zukunft diese Trichterform geben würde - obwohl sie viel schneller voran kämen und viel weniger umhergeschubst würden. Gasmoleküle sind da vernünftiger. Sie lassen sich durchaus durch einen Ansaugtrichter leiten. Der Strömungswiderstand der Rohröffnung kann auf diese Weise tatsächlich besonders bei hohen Drehzahlen ganz erheblich gesenkt werden - daß der Trichter dafür eine möglichst glatte Oberfläche haben muß und auch sonst keine Knicke oder Rauhigkeiten im Saugrohr existieren dürfen, versteht sich von selbst.

Allerdings ist es sehr schwierig, sich solch einen Trichter zu bauen. Handwerkliche Könner haben vielleicht mit Polyesterharz und Glasfasermaterial eine Chance - einfacher ist es auf jeden Fall, sich einen fertigen Ansaugtrichter zu kaufen. Mehrere Anbieter von Motorradzubehör haben derartiges in ihrem Programm, allerdings meist nur für größere Vergaserdurchmesser. Nur sollte man sich daran erinnern: Ansaugtrichter sind für Motoren mit kurzer Lebenserwartung und extrem hohen Literleistungen; für Alltags- oder Geländemaschinen also völlig ungeeignet.

Luftfilter

Der Luftfilter ist wieder eines der Teile, die von Moped-Fahrern am liebsten im Papierkorb gesehen werden; er steht nämlich in dem unpopulären Ruf, die Motordrosselung zu bewirken. Bei genauer Betrachtung entpuppt sich das aber wieder einmal weitgehend als Gerücht - richtige Auslegung des Luftfilters vorausgesetzt. Dafür ist er aber wesentlich wichtiger als gemeinhin angenommen, wie man sicherlich gleich einsehen wird, wenn man sich klarmacht, welche Mengen von Luft durch einen Motor hindurchgepumpt werden:

Nehmen wir an, der Motor saugt vor jedem Arbeitstakt sein gesamtes Zylindervolumen Luft an - bei der Resonanzdrehzahl dürfte das etwa hinkommen, bei anderen Drehzahlen wird es etwas weniger sein. Hat der Motor 125 ccm Hubraum und dreht er, zum Beispiel auf einer Überlandfahrt, durchschnittlich auf 6000 l/min, dann saugt er pro Minute 6000 x 125 ccm Luft an. Ein Liter besteht aus 1000 ccm und eine Stunde aus 60 Minuten, pro Stunde werden also 6000 x 60 x 0,125 = 45000 Liter Luft durch den Motor geschleust - und die ist ja bekanntlich nicht gerade die sauberste. Bei Geländeeinsätzen sowieso, aber auch auf normalen Straßen verwandelte sich der Motor innerhalb weniger Stunden in eine Staub-Mühle, würde die angesaugte Luft nicht gefiltert; und zwar wäre der Kolben der Mahlstein dieser Mühle. Die Geschichten vieler Bastler, die behaupten, ihr Motor verkrafte den fehlenden Luftfilter prächtig, erklären sich meistens dadurch, daß die Erzähler ganz einfach keinen Zusammenhang zwischen lauten Klapper-Geräuschen und Straßenstaub sehen; oder dadurch, daß sie einen Ruin ihres Motors nach 10000 km Fahrleistung sowieso stillschweigend voraussetzen...

Dabei wäre das überhaupt nicht nötig; ein Luftfilter muß nämlich nicht zwangsläufig drosseln. Es ist zwar wahr, daß der Filtereinsatz den Luftstrom behindert, also einen größeren Strömungswiderstand erzeugt, sonst könnte er ja nicht filtern. Aber erinnern wir uns an die Möglichkeiten, die wir haben, um den negativen Einfluß von Strömungswiderständen außer Kraft zu setzen: Entweder die Strömungswiderstände selbst werden beseitigt - oder der Kanalquerschnitt wird einfach verbreitert. Wo es möglich ist, sollte man die erste Methode bevorzugen, zumal innerhalb des Motors meist kein Platz für größere Kanäle vorhanden ist und sie auch nur sehr schwer zu bearbeiten wären.

In unserem Luftfilter-Fall ist es aber nicht möglich, die Widerstände zu beseitigen; wir bauen sie schließlich absichtlich ein. Dafür ist im Übermaß Raum für Querschnittvergrößerungen vorhanden und deshalb kann man immer durch einen entsprechend großen Querschnitt den Strömungswiderstand klein genug halten, daß er nicht, oder so gut wie nicht, schadet. Aber Vorsicht: Das heißt nicht, daß man jetzt einfach den Luftfilterkasten durchlöchern soll, um den Ansaugquerschnitt zu vergrößern. Wenn der Motor nicht gerade an dieser Stelle durch eine zu kleine Öffnung im Luftfilterkasten gedrosselt ist, dann würde zwar auf diese Weise die Ansaugfläche vergrößert, aber im Verhältnis dazu wäre dann die Filterfläche zu klein; und damit wäre auch nichts gewonnen. Wenn schon, dann muß also auch eine größere Filtereinlage verwendet werden oder eventuell gleich ein ganz neuer, größerer Luftfilterkasten. Übrigens können sich auch die Luftfiltereinlagen qualitativ sehr stark unterscheiden. Es gibt Mikrofilter, die selbst kleinste Staubpartikel zurückhalten und trotzdem einen geringeren Strömungswiderstand aufweisen, als weniger gründliche Filtereinlagen - es lohnt sich also eventuell, sich auf dem Zubehör-Markt nach entsprechenden Angeboten umzusehen.

Allerdings darf in keinem Fall vergessen werden, daß der Luftfilter einen erheblichen Einfluß auf die Zusammensetzung des Kraftstoff-Luft-Gemisches ausübt, weil er eine Drosselstelle vor dem Vergaser darstellt. Konkret: Wird der Strömungswiderstand des Luftfilters erhöht, zum Beispiel durch Verunreinigungen in der Filtereinlage, dann wird die Gemischzusammensetzung fetter; die gleiche Kraftstoffmenge wird mit einer kleineren Luftmenge gemischt. Ein zu fettes Gemisch bringt aber gleich eine ganze Reihe Nachteile auf einmal mit sich: Der Kraftstoffverbrauch steigt; der Motor wird unzuverlässiger und muß häufiger gewartet werden, weil sich schneller Verbrennungsrückstände bilden; der Anteil an extrem giftigem Kohlenmonoxid in den Abgasen steigt erheblich an; und zuguterletzt läßt auch noch die Leistung nach. Es lohnt sich also bestimmt, den Filter regelmäßig zu reinigen, zumal es wirklich ziemlich schnell und einfach zu machen ist und auch in jeder Bedienungsanleitung beschrieben wird. Man sollte auch daran denken, daß die Reinigungsintervalle kürzer werden müssen, wenn der Motor unter extremen Bedingungen seine Arbeit verrichten soll, zum Beispiel auf langen Touren, womöglich über staubige Straßen oder natürlich im Gelände.

Wird der Strömungswiderstand des Luftfilters gegenüber dem Serienzustand verringert - sei es durch Verwendung einer strömungsgünstigeren Filtereinlage, durch Vergrößerung des Luftfilterkastens oder durch Weglassen des Filters überhaupt -, dann wird das Gemisch abgemagert; das Verhältnis Kraftstoff-Luft verschiebt sich zugunsten der Luft. Daher resultiert auch meistens die Leistungssteigerung, die bei vielen Mofas und Mokicks auftritt, wenn der Luftfilter im Papierkorb verschwindet - und nicht etwa, weil dann "mehr Luft" in den Zylinder gelangt. Das hieße nämlich, daß der Füllungsgrad durch Weglassen des Luftfilters verbessert werden könnte - und das ist mit Sicherheit nicht möglich, von der einen Ausnahme abgesehen, daß die erforderliche Resonanzlänge zu kurz ist und keinen Platz mehr für einen Luftfilter läßt; aber dieser Fall dürfte ohnehin nur bei Renn- und Rekordfahrzeugen eintreten. Aber auch die Leistungssteigerung durch Gemischabmagerung (siehe auch unter "Vergaser"), die ja nun einmal nach Weglassen des Luftfilters oft auftritt, hat eine Kehrseite: Die Verbrennung wird nämlich erheblich heißer und der Motor deshalb sehr schnell thermisch überlastet. Dieser Nachteil äußert sich meistens nicht sofort, sondern er offenbart sich in Form eines stark erhöhten Verschleißes bzw. in Form des berüchtigten "Loches im Kolben", und zwar meistens bei einer Dauerbelastung, also dann, wenn man einen Totalschaden am allerwenigsten gebrauchen kann.

Es hilft also nichts: Die Beseitigung des Luftfilters ist keine Methode, die Leistung zu steigern. Aber auch eventuell notwendige Arbeiten am Luftfilter - wie oben beschrieben - sind erheblich schwieriger und umfangreicher als allgemein angenommen. Denn eben weil die Beschaffenheit des Filters Einfluß auf die Gemischzusammensetzung hat, macht jede Änderung an diesem Teil auch eine Neueinstellung des Vergasers notwendig, damit das ursprüngliche Gemischverhältnis wieder hergestellt wird, da Abweichungen davon, wie wir gesehen haben, im allgemeinen nur Nachteile mit sich bringen. Es sei denn, die veränderte Gemischzusammensetzung wird absichtlich eingesetzt - und dann wird es noch schwieriger, weil nicht nur der Vergaser, sondern auch die Zündung eingestellt werden muß. Mehr darüber später.

Kommen wir aber noch zu einer anderen Frage, die sich im Zusammenhang mit dem Luftfilter stellt: Wie wird die Resonanzlänge für die Einlaßschwingung gemessen? Wenn die Resonanzlänge die Entfernung vom Einlaßschlitz bis zu dem Punkt wäre, an dem die Luft das erstemal in das Einlaßsystem gelangt, also bis hinter den Luftfilter, dann wäre die Ansaugleitung fast immer viel zu lang, als daß sich eine Resonanzschwingung für hohe Drehzahlen ausbilden könnte. Zum Glück ist es nicht so. An der Stelle, an der das Saugrohr der Ansaugleitung in den Luftfilterkasten mündet, findet im allgemeinen eine so starke Querschnittsverbreiterung statt, daß man diese Stelle als offenes Rohrende ansehen kann. Die Genauigkeit einer Rechnung mit diesem Wert für die Länge der Ansaugleitung ist allemal ausreichend, aber um sein Gewissen zu beruhigen, kann man die wirkliche Resonanzdrehzahl dann etwas niedriger ansetzen als die errechnete.

An dieser Stelle sollte auch noch auf eine weitere wichtige Funktion des Luftfilters hingewiesen werden: Er dient nämlich auch als Schalldämpfer, der vermeiden soll, daß die Gasschwingungen, die ja auch gleichzeitig Schallwellen sind, nach außen als solche hörbar werden; ohne eine Dämpfung können sie manchmal ausgesprochen penetrant sein. Gedämpft wird hier genauso wie auch beim Auspuff, indem das schwingende Gas durch einen Beruhigungsraum von der Außenwelt getrennt wird. Dieser Beruhigungsraum befindet sich meist zwischen Filtereinlage und Saugrohr und ist über ein Rohr mit dem Filter derart verbunden, daß die Schallwellen in diesem Rohr weitgehend gebrochen werden. Dieses Rohr fällt häufig dem Übereifer vieler Bastler zum Opfer, die damit nichts rechtes anfangen können und es deshalb vorsorglich für schädlich erklären. Daß diese Meinung aber falsch ist, liegt auf der Hand: Weil unser Schwingungsystem bereits mit dem Beginn der Beruhigungskammer endet, hat das Schalldämpfer-Rohr also auf die Gasschwingung keinen Einfluß. Und der erhöhte Strömungswiderstand ist ja bereits damit berücksichtigt, daß der Luftfilterkasten seinem Widerstand entsprechend groß dimensioniert wurde - ganz abgesehen davon, daß der Strömungswiderstand des Schalldämpfers wegen der geringen in ihm herrschenden Strömungsgeschwindigkeit fast vernachlässigbar klein ist.

Erweitern des Einlaßschlitzes

Wir kommen nun zu einem gleich in mehrfacher Hinsicht völlig neuen Problemkreis. Bisher haben wir nämlich nur Maßnahmen besprochen, die nach eventuellen Fehlern wenigstens halbwegs einfach wieder rückgängig gemacht werden konnten. Das ändert sich jetzt, wenn wir mit Arbeiten am Zylinder beginnen: Wer dabei etwas falsch macht, der kann ziemlich tief ins Portemonnaie greifen. Und leider sind auch gerade diese gefährlichen Arbeiten diejenigen, bei denen am ehesten ein Fehler gemacht werden kann. Zu der Gefahr, daß der Motor durch die Leistungssteigerung selbst überlastet werden könnte, kommt also noch die Gefahr, daß schon auf dem Weg zur Leistungssteigerung der Ruin besiegelt wird. Wir werden deshalb das Erweitern von Kanalöffnungen sehr ausführlich besprechen - was aber nicht die Übung ersetzen kann.

Deshalb gleich zu Beginn ein Tip (besonders für diejenigen, die die Einleitung einfach übersprungen haben): Ehe man sich das erstemal an einen Motor macht, der noch einen Wert besitzt, sollte man sich an irgendeinem alten wertlosen versuchen. Solche Motoren bekommt man normalerweise ohne Probleme bei jedem Schrottplatz, meistens sogar kostenlos; alte Rasenmähermotoren sind ebenfals optimale Versuchskaninchen. Die Mühe, die man mit der Beschaffung derartiger Motoren hat, zahlt sich aber hundertprozentig aus. Denn durch die Erfahrungen, die man bei den Arbeiten an ihnen macht, erwirbt man sich Fertigkeiten, wie sie sonst kaum ein Amateur-Bastler aufzuweisen hat und man spart obendrein noch eine Menge Lehrgeld, das man sonst garantiert hätte zahlen müssen. Es ist nämlich so gut wie vorprogrammiert, daß am Anfang irgendetwas schief geht, weil man das Material falsch einschätzt oder falsches Werkzeug verwendet, weil man abrutscht oder das Augenmaß versagt, oder weil man irgendwelchen anderen Tücken des Objekts zum Opfer fällt. Das alles sind Erfahrungen, die jeder selbst machen muß. Mit den Erfahrungen aber, die schon andere gemacht haben und die Fehler vermeiden helfen, wollen wir uns nun im Folgenden beschäftigen. Dabei kümmern wir uns jetzt nur um den praktischen Teil; die theoretischen Auswirkungen der einzelnen Veränderungen von Querschnitt und Steuerzeit haben wir bereits bespochen und durch entsprechende Rechnungen beschrieben.

Die Form des Einlaßschlitzes

Überlegen wir uns vorerst, welche Folgen Veränderungen an den einzelnen Stellen des Einlaßschlitzes haben: Eine Erweiterung des Schlitzes nach unten hat zur Folge, daß der Kolben den Schlitz früher freigibt und später verschließt, sie bedeutet also eine Verlängerung des Steuerwinkels. Gleichzeitig wird natürlich auch der Schlitzquerschnitt vergrößert. Eine Verbreiterung des Schlitzes zur Seite hat keinen Einfluß auf den Steuerwinkel und vergrößert nur den Schlitzquerschnitt. Eine Erweiterung des Schlitzes nach oben vergrößert den Querschnitt nur dann, wenn die untere Kante des Kolbenhemdes die neue Schlitzoberseite noch freigibt; besser ist es freilich, wenn das Kolbenhemd den Schlitz noch etwas überläuft, damit wenigstens für einen Teil der Öffnungszeit der Schlitz vollständig geöffnet ist und von der strömungsungünstigen Kolbenkante verschont bleibt.

Deshalb hängt der optimale Schlitz- bzw. Kanalquerschnitt auch davon ab, wie weit der Kolben den Schlitz überläuft. Als Anhaltswerte kann man sich merken, daß die Schlitzfläche etwa um 25% größer sein soll als die Vergaserquerschnittsfläche, wenn das Kolbenhemd die Schlitzoberkante um etwa 1/8 der Schlitzhöhe überläuft. Schließt dagegen das Kolbenhemd im oberen Totpunkt gerade mit der Schlitzoberseite ab, dann kann die Schlitzfläche bis zu 35% größer als die Vergaserfläche sein. Es gibt da aber noch einen kleinen Haken, den man beachten sollte: Die eben angegebenen Werte gelten natürlich nur für den Fall, daß die Schlitzfläche der Querschnittsfläche des Einlaßkanals entspricht, was nur bei senkrecht zur Zylinderwand stehendem Kanal erfüllt ist. Bei geneigten Kanälen ist der Kanalquerschnitt aber kleiner; in diesen Fällen muß dann der Kanalquerschnitt die Werte erfüllen und die Schlitzfläche entsprechend größer werden. Bei einem unter 45° geneigten Kanal ist die Schlitzfläche zum Beispiel 41,4% größer als die Kanalquerschnittsfläche:

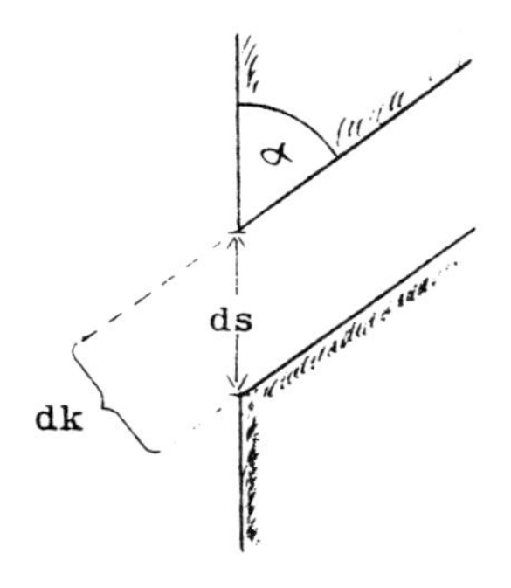

$$dk = ds \cdot \sin \alpha$$

dk = Kanaldurchmesser
ds = Schlitzdurchmesser

Mit diesen Überlegungen wäre ersteinmal klargestellt, welche Ausmaße der Schlitz haben muß, um den Anforderungen des Frischgasstromes gerecht zu werden. Jetzt geht es daran, die so ermittelte Fläche auch irgendwie unterzubringen. Dabei steht man vor dem Problem, daß bei vielen Motoren der obere Teil des Schlitzes noch auf der Bahn der Kolbenringe liegt. In solchen Fällen heißt es aufpassen, denn wenn der Schlitz zu breit wird, kann es passieren, daß die Ringe einfedern und sich verklemmen - auf diese Weise kann man sich gut wertlose Motoren für erfahrungsbringende Versuche herstellen...

Also, um das zu vermeiden, soll die Schlitzbreite 60% der Zylinderbohrung nicht überschreiten, allerdings einfach mit der Schublehre als Sehne gemessen, nicht als Zylinderabrollung. Um den Ringen, aber auch dem Kolben selbst, den Weg zu erleichtern, müssen die Ecken des Schlitzes gut abgerundet sein. Dabei sollte der Rundungsradius mindestens 1/10 der Zylinderbohrung betragen, mehr kann aber niemals schaden - vorausgesetzt, es ist genügend Platz vorhanden, um die notwendige Schlitzfläche unterzubringen. Wird der Schlitz so stark verrundet, daß er insgesamt eine runde oder ovale Form bekommt, dann kann er auch etwas breiter werden als 60% des Zylinderdurchmessers. In dem unteren Teil des Schlitzes, der garantiert nicht von Ringen überlaufen wird, kann die Breite ohnehin mehr betragen, etwa bis zu 75 oder höchstens 80%. Bei

Motoren, die nur einen L-Ring besitzen, der überhaupt nicht über die Einlaßöffnung läuft, gilt das natürlich für den gesamten Einlaßschlitz. Besonderes Glück hat man, wenn sich in dem Schlitz ein Steg befindet, der ein Einfedern der Kolbenringe verhindern soll, dann kann der Schlitz ebenfalls etwas breiter werden. Stege dürfen also keinesfalls entfernt werden, wie es traurigerweise häufig geschieht.

Ebenfalls um dem Kolben und seinen Ringen die Wege zu erleichtern, sollten die Schlitzober- und die Schlitzunterseite über etwa 3 - 4 mm in der Höhe senkrecht zur Zylinderwand leicht angeschrägt werden, und zwar etwa 0,1 - 0,2 mm in der Tiefe. - Mit diesen Angaben müßte es nun eigentlich immer gelingen, die erforderliche Schlitzfläche irgendwie unterzubringen; auch wenn es vielleicht ein wenig viele Informationen auf einmal waren. Aber alle Werte sind nun einmal Erfahrungswerte, die nicht weiter erklärt werden können, man muß sie einfach hinnehmen. Zur Verdeutlichung soll das Ganze aber noch einmal mit einer Skizze beschrieben werden:

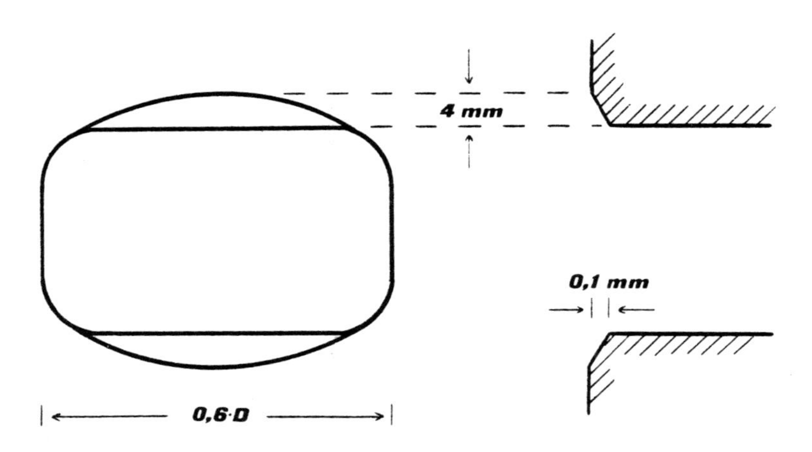

Der linke Teil der Zeichnung zeigt die Kanalöffnung, den Schlitz, der rechte Teil einen Längsschnitt durch den Kanal in der Nähe des Schlitzes. Um den Kolbenringen den Weg zu erleichtern, muß der Schlitz im Ringbereich halbkreisförmig abgeschrägt werden. Das gilt übrigens ganz besonders auch für den Auslaßkanal; der Einlaßschlitz ist wenigstens im unteren Teil immer unproblematisch.

Die handwerkliche Ausführung

Nachdem wir nun wissen, welche Größe und Form der Einlaßschlitz bekommen soll, können wir uns nun dem Problem zuwenden, wie man handwerklich vorgehen muß, um den Schlitz zu erweitern. Wie bereits gesagt: Arbeiten an Kanälen und Schlitzen sind sehr schwierig und ohne eigene Erfahrungen unterläuft anfangs garantiert irgend ein Fehler. Da hilft nur Übung. Aber einige Dinge gibt es schon, auf die man achten kann:

Als Werkzeug eignet sich am besten eine Biegewelle mit entsprechenden Schleifaufsätzen, aber auch mit einer guten Metallfeile kommt man zum Ziel, nur eben langsamer - dafür kann aber auch nicht so schnell etwas in die Brüche gehen. Deshalb ist eine Feile für den Anfang bestimmt nicht schlecht. Die Bewegungen bei den Feilarbeiten dürfen aber immer nur von innen nach außen ausgeführt werden, damit die Laufbahnbeschichtung nicht abspringt. Das ist übrigens bei verchromten oder mit anderen Spezialbeschichtungen (z. B. Nikasil) ausgestatteten Zylinderlaufbahnen immer eine ziemliche Gefahr - von rechtswegen her müßten solche Zylinder immer mit einer neuen Beschichtung versehen werden.

Ein Fehler, der bei Feilarbeiten auch oft gemacht wird, ist der, daß die Spitze der Feile an die Zylinderwand stößt, die dem bearbeiteten Schlitz gegenüber liegt und dort die Laufbahn beschädigt. Um diese Gefahr von vornherein auszuschließen, sollte man ein Stück Holz in den Zylinder legen, das die Laufbahn schützt. Ein Metallstück wäre dazu natürlich nicht geeignet, weil der Zylinder dann zwar nicht durch die Feile, dafür aber durch die Metallplatte zerkratzt würde - man könnte es vorher höchstens in etwas Weiches - einen dicken Lappen vielleicht - einwickeln.

Wenn der Schlitz im Serienzustand derart klein ist, daß er zuerst mit einer Bohrmaschine rundum aufgebohrt werden muß, dann muß die gegenüberliegende Zylinderwand unbedingt vor dem Bohrer geschützt werden. Weil die Zylinderwände sehr stabil gebaut sind, muß nämlich mit großem Druck gearbeitet werden, so daß man in dem Augenblick, in dem das Loch zu Ende gebohrt ist, hundertprozentig in den Zylinder hineinstößt. Wenn dann dort kein bremsendes Holzstück liegt, hat man gleich zwei Einlaßkanäle... Die Brachialmethode des Aufbohrens darf aber ohnehin nur für die ersten Grob-Arbeiten eingesetzt werden, solange man noch weit von den endgültigen Schlitzabmessungen entfernt ist. Die Rückseite der Bohrlöcher ist nämlich meist sehr stark ausgefranselt. Daß am Ende der Feinarbeiten mit Feile oder Biegewelle nochmals alle Grate sorgfältigst entfernt werden müssen, ist ebenso selbstverständlich, wie daß der Zylinder vor dem Einbau wieder gründlich von dem Metallstaub gereinigt werden muß.

Zuguterletzt gibt es noch einen Punkt, auf den hingewiesen werden sollte. Der Einlaßkanal wird sich ja bei einer Erweiterung des Einlaßschlitzes auch eine Veränderung gefallen lassen müssen; das ist handwerklich nicht besonders einfach, weil man - besonders mit einer Biegewelle - leicht abrutscht und so die Kanalwand oft rauh und wellig wird, was der Strömung alles andere als zugute kommt; man muß deshalb besonders aufpassen. Wenn man die Lage gegenüber dem Serienzustand ändern möchte oder muß, hat man weitgehend freie Hand - im Zweifelsfall sollte man sich für eine zur Zylinderwand senkrechtstehende Lage entscheiden, weil in diesem Fall die Schlitzfläche gleich der Querschnittsfläche des Kanals ist und deshalb keine Probleme mit einer zu großen erforderlichen Schlitzfläche entstehen. Außerdem dürfte in diesem Fall auch der Strömungswiderstand am geringsten sein. Ansonsten gilt für den Einlaßkanal das gleiche, wie für Kanäle im allgemeinen: Keine krassen Richtungs- und Querschnittsänderungen, keine Kanten und Ecken und glatte Oberfläche. Speziell heißt das also, daß sich der Kanal möglichst gleichmäßig vom Ansaugstutzen zum Einlaßschlitz hin verbreitern soll und der Wechsel vom runden Querschnitt des Stutzens zum eckigeren Querschnitt des Schlitzes ebenfalls möglichst fließend gestaltet werden soll.

DIE STEUERWINKEL

Der Begriff des Steuerwinkels wurde bereits gelegentlich verwendet und auch schon kurz erklärt; in Wahrheit verbirgt sich dahinter aber etwas Komplizierteres. Deshalb kommen wir hier noch einmal etwas genauer auf ihn zu sprechen: Der Steueröffnungswinkel ist der Winkel, um den sich die Kurbelwelle zwischen den Zeitpunkten dreht, bei denen (irgend-) ein Schlitz gerade freigegeben bzw. wieder verschlossen wird. Es gibt deshalb also für jede Kanalöffnung einen Öffnungswinkel, für den Einlaß einen Einlaßöffnungswinkel, für den Auslaß einen Auslaßöffnungswinkel usw.. Der Name **Steuer**winkel stammt daher, daß durch ihn der Gaswechsel gesteuert wird. Die Öffnungswinkel geben nun indirekt die Zeit an, in der ein Kanal pro Kurbelwellenumdrehung geöffnet ist; indirekt deshalb, weil diese Zeit ja eigentlich auch von der Drehzahl abhängt. Damit aber die Begriffe Steuerwinkel und Steuerzeit gleichbedeutend sind, versteht man unter der Steuerzeit im allgemeinen den Anteil an der Zeit für eine Kurbelwellenumdrehung, in der der Kanal geöffnet ist.

Nun fragt sich der eine oder andere vielleicht, weshalb die Öffnungszeit mit Hilfe des Kurbelwinkels angegeben wird und nicht einfach durch die Schlitzhöhe, die ja viel leichter zu messen wäre; da jede Kolbenstellung genau einem Kurbelwinkel entspricht, sind schließlich beide Werte gleichwertig. Die Frage ist leicht zu beantworten: Es wird mit beiden Methoden gearbeitet - jede hat ihre Vor- und Nachteile.

Die Angabe als Winkel eignet sich dann, wenn verschiedene Motoren miteinander verglichen werden sollen; die Schlitzhöhe verändert sich nämlich bei unterschiedlichem Hub, so daß Vergleiche zwischen Motoren mit unterschiedlichem Hubraum oder unterschiedlichem Hub-Bohrungs-Verhältnis schwierig wären. Und der Kurbelwinkel ist auch dann von Vorteil, wenn die Zeit benötigt wird, in der der Schlitz geöffnet ist - für Berechnungen bezüglich der Gasschwingungen tritt dieses Problem ja des öfteren auf. Da sich die Kurbelwelle nämlich mit konstanter Winkelgeschwindigkeit dreht (natürlich nur, wenn sich die Drehzahl nicht ändert), ist der Öffnungswinkel gleich der Öffnungszeit. Der Anteil der Schlitzhöhe am Gesamthub erfüllt diese Forderung aber nicht, weil der Kolben ja laufend seine Geschwindigkeit ändert. In der Nähe der Totpunkte bewegt er sich wesentlich langsamer als in der Mitte seine Weges; es kommt also für die

Steuerzeit nicht nur darauf an, welchen Anteil die Schlitzhöhe am Kolbenhub hat, sondern auch darauf, wo sich der Schlitz befindet. Genauer gesagt: In der Nähe der Totpunkte ist die Kolbengeschwindigkeit geringer, so daß kleine Veränderungen der Kanalhöhe große Veränderungen der Steuerzeit verursachen.

Für Rechnungen ist also der Steuerwinkel optimal. Um Kanäle zu bearbeiten, ist er aber ziemlich unhandlich; es läßt sich mit seiner Hilfe nur schwer die notwendige Schlitzhöhe bestimmen, und über die Schlitzbreite sagt er überhaupt nichts aus, obwohl die Eigenschaften eines Motors bei unveränderten Steuerzeiten allein durch andere Schlitzbreiten völlig verändert werden können. Deshalb wird in den Fällen, in denen es konkret um die Schlitzform und -höhe geht, lieber ein Abrolldiagramm verwendet, das so aussieht, als wäre der zu beschreibende Zylinder senkrecht aufgeschnitten und dann flach hingelegt worden.

Umrechnung von Kurbelwinkel in Kolbenweg

Weil wir aber sowohl rechnen als auch Kanäle bearbeiten wollen, brauchen wir beide Angaben: Erst den Öffnungswinkel, um die Rechnungen durchführen zu können, dann die sich daraus ergebende Schlitzhöhe. Die Position des Kolbens in Abhängigkeit von der Stellung der Kurbelwelle ergibt sich aber nach folgender, nicht gerade allzu einfacher Formel:

$$s = r \left(1 + \frac{r}{4 \cdot l} - \cos phi - \frac{r}{4 \cdot l} \cdot \cos 2phi \right)$$

Mit:
- s = Kolbenweg vom oberen Totpunkt aus gemessen
- r = Radius der Hubscheibe; die Entfernung des Hubzapfens vom Drehpunkt der Kurbelwelle, oder mit anderen Worten, der halbe Hub
- l = Länge des Pleuels
- phi = Kurbelwinkel

Das ist natürlich ein ziemlicher Schocker. In der Praxis kann man damit so gut wie überhaupt nicht arbeiten, ohne programmierbaren Taschenrechner wäre das Rechnen mit dieser Formel eine einzige Plackerei. Damit man sich aber trotzdem ein Bild von der Schlitzhöhe machen kann, die sich aus dem für die Gasschwingungen errechneten Öffnungswinkel ergibt, ist in dem folgenden Diagramm der Kolbenweg in Abhängigkeit vom Kurbelwinkel aufgetragen, so daß man die Werte graphisch ineinander umrechnen kann.

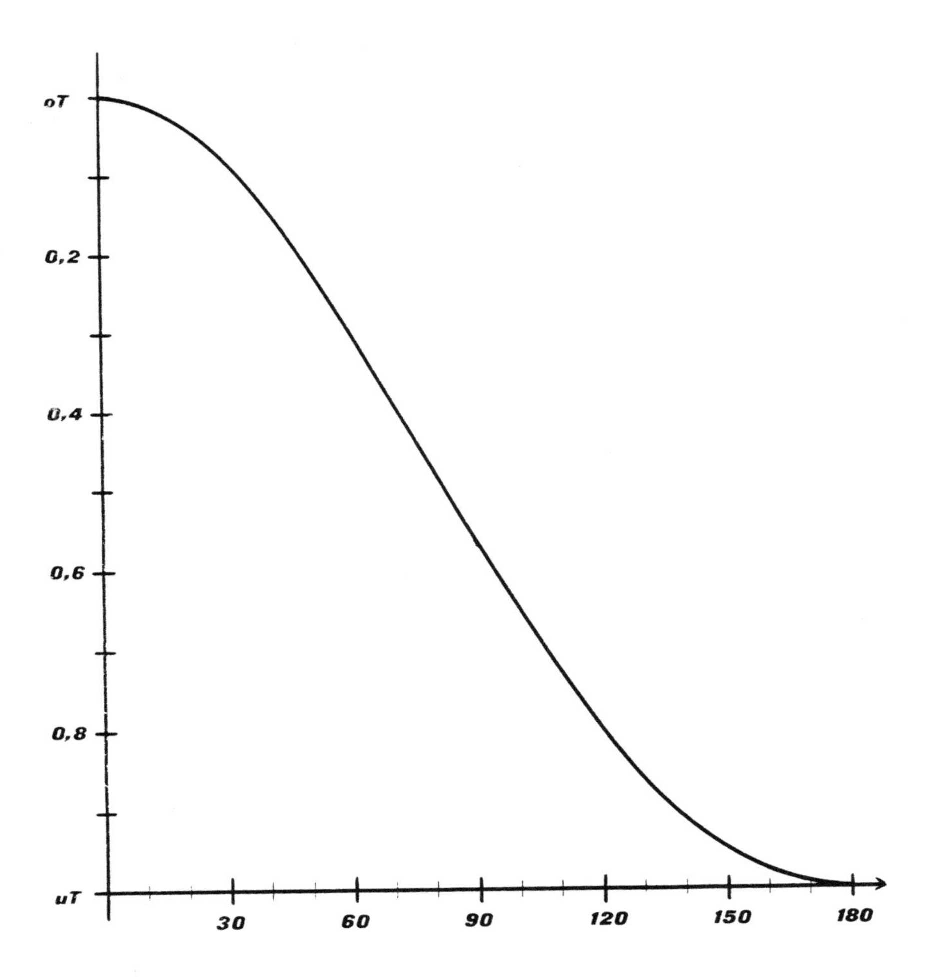

Diese Kurve beschreibt die Entfernung des Kolbens vom oberen Totpunkt in Abhängigkeit von der Stellung der Kurbelwelle, so daß beide Werte graphisch ineinander umgerechnet werden können. Zur Berechnung wurde ein Verhältnis von Pleuellänge zum Kurbelradius von l/r = 4 angenommen. Eigentlich ergibt sich für jeden Motor, der von diesem Wert abweicht, eine andere Kurve, aber in der Realität sind die Abweichungen so gering, daß man sie vernachlässigen kann.

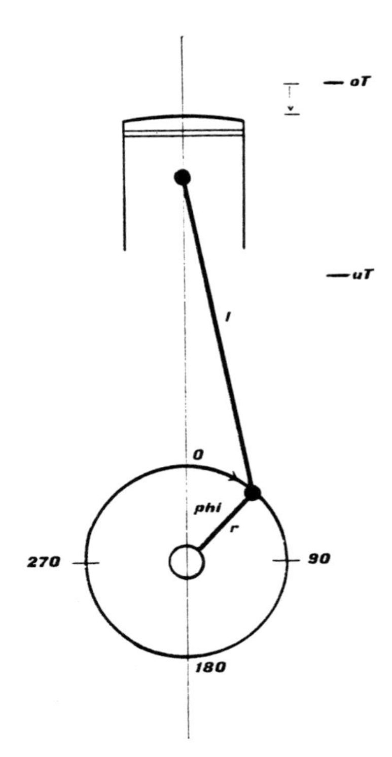

Um nun Kolbenposition und zugehörigen Kurbelwinkel ineinander umzurechnen, geht man folgendermaßen vor: Zuerst wird die von 0 - 1 reichende Skalierung auf der senkrechten Achse des Diagramms mit dem Hub des zu bearbeitenden Motors multipliziert. Da die Skalierung von oben beginnt, erhält man auf diese Weise die Kolbenposition als Entfernung vom oberen Totpunkt, also die Strecke, die in diesem Bild mit dem Pfeil gekennzeichnet ist, und die sich bei abgeschraubtem Zylinderkopf recht einfach mit der Tiefenmeßvorrichtung der Schublehre messen läßt. Den zugehörigen Kurbelwinkel braucht man dann nur noch auf der waagerechten Achse abzulesen, und damit kann dann leicht jeder Öffnungswinkel bestimmt werden. Dafür muß man den erhaltenen Winkel natürlich immer mit zwei multiplizieren, weil dieselbe Kolbenposition schließlich jeweils vor und nach dem Totpunkt eingenommen wird.

Wenn das Diagramm dazu verwendet werden soll, die Schlitzhöhe nach einem vorgegebenen Kurbelwinkel zu bestimmen, dann ist mit dem oberen Totpunkt natürlich die Position jener Kolbenkante im oT gemeint, die die Steuerung des gerade auszumessenden Schlitzes übernimmt; also wenn es um den Auslaßschlitz oder die Überströmschlitze geht, ist die Position gemeint, die die Kolbenoberkante im oT einnimmt, geht es dagegen um den Einlaß, ist die Position der Kolbenunterkante relevant.

Die Bestimmung des Öffnungswinkels könnte man aber auch mit Hilfe einer Winkelgradscheibe bestimmen, wahrscheinlich wäre diese Methode sogar einfacher. Wir kommen gleich im Anschluß noch darauf zurück. Der Vorteil der graphischen Umrechnung von Kolbenposition in Kurbelwinkel besteht darin, daß man sofort sagen kann, um wieviel Millimeter die Schlitzhöhe verändert werden muß, um eine bestimmte Verlängerung des Öffnungswinkels zu erreichen. Also zum Beispiel: Man hat einen 125-ccm-Motor mit einem Hub von 50 mm, der Einlaßsteuerwinkel beträgt 140°, der Einlaß schließt also 70° nach oT. Wenn man jetzt bei 70° auf der waagerechten Achse nachsieht, liest man auf der anderen Achse den Wert von 0,38 ab. Dieser Wert wird multipliziert mit dem Hub, also 50 mm, man erhält 19 mm; das ist die Entfernung, die die Kolbenunterkante im Moment des Schließens von der Position der Kolbenunterkante im oT hat. Soll nun der Einlaßwinkel um 20° verlängert werden, dann muß der Einlaß 10° später schließen, also bei 80° nach oT. Als zugehörige Schlitzhöhe liest man ab: 23,7 mm; der Einlaßschlitz muß demnach um 23,7 - 19 = 4,7 mm nach unten erweitert werden. Eine derartige Überschlags-Rechnung empfiehlt sich in jedem Fall, sonst liegt man sehr schnell um Größenordnngen daneben; bei einem 50-ccm-Motor wäre eine Erweiterung um fast 5 mm zum Beispiel mit Sicherheit entschieden zu viel.

Die Winkelgradscheibe

Kommen wir jetzt endlich zu der schon mehrfach angekündigten Winkelgradscheibe; man kann sie recht vielfältig einsetzen, zum Beispiel zum Messen von Steuer- oder Zündwinkeln. Das Prinzip ist so einfach, daß es kaum einer Erklärung bedarf: Auf einer runden Pappscheibe werden die Winkelgrade von 0 - 360 markiert und die Scheibe dann auf dem Polrad montiert, das ja fast immer auf der Kurbelwelle sitzt. Man kann dann an einem festen Punkt auf dem Motorgehäuse den Winkel ablesen, um den die Kurbelwelle gedreht wurde. Zur Messung von Steuerwinkeln genügt das.

Um aber den Zündzeitpunkt einstellen zu können, wird auch noch der obere Totpunkt benötigt, auf den dann die Null-Stellung der Winkelscheibe geeicht werden muß. Der oT ist aber nicht so leicht zu finden, wie man annehmen sollte: Durch die Mechanik des Kurbeltriebs bewegt sich der Kolben in der Nähe der Totpunkte nur sehr langsam, so daß es äußerst schwierig ist, zu sagen, an welcher Stelle genau er seine Bewegungsrichtung ändert. Man könnte durch einfaches Beobachten des Kolbens den oT nur auf etwa 5° genau bestimmen. Das reicht aber nicht. Um seine Lage genauer ermitteln zu können, muß man wie folgt vorgehen: Durch das Kerzengewinde wird ein Stöckchen gesteckt und befestigt, an das der Kolben anstößt, wenn er sich in Richtung oT bewegt. Man kann dazu das Stöckchen zwischen Isolator und Gewinde einer alten Kerze stecken (keine Sorge, der Motor soll jetzt nicht angelassen werden). Dann wird die Kurbelwelle erst in die eine Richtung gedreht, bis der Kolben anstößt, dann in die andere. Halbiert man nun den zwischen diesen beiden Stellungen gemessenen Winkel, so erhält man genau den oberen Totpunkt.

Der Überstömvorgang

Nachdem wir nun alles über Steuerwinkel im allgemeinen wissen, können wir uns wieder etwas spezielleren Problemen zuwenden. Der Einlaßwinkel wurde bereits sehr ausführlich besprochen, übrig bleiben jetzt noch der Überströmwinkel und

der Auslaßöffnungswinkel. Beginnen wir mit dem Überströmwinkel, obwohl das Resümee etwas entmutigend sein wird: Was Veränderungen an den Überströmschlitzen anbelangt, so kann nämlich eigentlich nur der Rat gegeben werden, besser die Finger davon zu lassen. Um zu erklären weshalb, muß erst noch kurz einiges über die Spülung erklärt werden. Vorab aber noch eine Anmerkung: Die Plural-Form von Strahl ist eigentlich immer "Strahlen". Da aber Strahlen immer etwas Festes assoziieren, einen Strohstern oder soetwas, Gasstrahle aber alles andere als etwas Festes sind, soll hier abweichend von der dudenmäßigen Richtigkeit "Strahle" als Plural verwendet werden.

Die Spülung

Bei der Spülung soll erreicht werden, daß der Zylinder möglichst rasch und vollständig vom Altgas befreit und mit Frischgas gefüllt wird; und das ist gar nicht so einfach. Um genau zu sein, es ist so ziemlich das schwierigste Problem, das heutzutage bei der Konstruktion von Zweitaktern auftritt; so schwierig, daß es sich mathematisch (noch) nicht beschreiben läßt und man so ausschließlich auf Versuche angewiesen ist. Als Hobby-Bastler kann man zwar auch in gewissem Rahmen Versuche durchführen, z. B. bei der Abstimmung von Einlaß- und Auslaßsystem oder bei der Vergaser- und Zündungseinstellung, nicht aber bei den Überströmkanälen, weil man ganz einfach überhaupt nicht in der Lage ist, verschiedene Kanäle einzubauen. Man muß sich also auf die Versuchsergebnisse der Herstellerfirma seines Motors verlassen und hoffen, daß die Spülung halbwegs gut geraten ist - aber davon kann man wohl heutzutage ohne weiteres ausgehen.

Wie funktioniert die Spülung nun aber? Wenn sich das Frischgas nicht mit dem Altgas vermengen darf, dann heißt das, daß der Frischgasstrom möglichst gebündelt in den Zylinder gelangen soll. Andererseits darf er den "Altgasklumpen" aber auch nicht durchlöchern wie einen Schweizer Käse - das Frischgas muß also möglichst als feste und breite Front auftreten und das Altgas so zum Auslaß hinausschieben. Diese Forderung ist aber sehr schwer zu erfüllen, denn ein Gasstrahl kann nur entweder eine breite Front bilden oder fest sein; beides auf einmal ist nicht möglich. Wer versucht, aus dieser Misere herauszukommen, indem er einen Gasstrahl gegen eine Zylinderwand leitet, in der Hoffnung, er bilde dort die erwünschte Breite, sitzt einem Irrtum auf: Der Gasstrahl zerläuft entweder an der Wand und schlängelt sich um einen Altgasrest herum zum Auslaß oder vermischt sich kräftig. Die Lösung dieses Problems ist erst mit Schnürles Umkehrspülung gekommen:

Bei diesem Spülungsverfahren wird das Frischgas erst in zwei gebündelten Strahlen über den Kolbenboden auf die dem Auslaß gegnüberliegende Zylinderwand geleitet, wo beide Strahle gleichzeitig und mit gleicher Intensität eintreffen. Auf diese Weise wird erreicht, daß die Strahle nicht zerlaufen können, sondern sich gegeneinander abstützen und so gemeinsam die erwünschte feste Gasfront bilden. Diese Front richtet sich dann erst an der Zylinderwand auf, bewegt sich Richtung Brennraum und spült von dort aus weitergehend den ganzen Zylinder leer - unter der Voraussetzung, daß die Gasfront nicht einfach an der Brennraumwand entlang streicht und sich so zum Auslaß durchmogelt, ohne das sich in der Zylindermitte befindliche Altgas ausgeschoben zu haben. Einerseits um diese Gefahr zu vermindern, andererseits um das Umkehren der Gasstrahle zu erleichtern, werden heutzutage fast immer noch weitere Stützkanäle verwendet, also Kanäle, deren Gasstrahle hauptsächlich dazu dienen, die Strahle der Hauptkanäle zu "stützen", das heißt zu führen. Denn, wie wir gesehen haben, besteht die beste Methode, einen Gasstrahl umzulenken, darin, ihn einem anderen Strahl auszusetzen - nur so kann ein Vermischen oder Zerlaufen verhindert werden.

Veränderungen an den Überströmkanälen

Man sieht an der Beschreibung der Spülung schon, daß Veränderungen an den Kanalöffnungen so gut wie nicht möglich sind. Schon deshalb, weil die Anordnung der Kanäle das Ergebnis von Versuchen ist, kann man schwer nachvollziehen, welche Bedeutung den einzelnen Parametern zukommt; die Gefahr, etwas übersehen zu haben, und so durch die Veränderung mehr Nachteile als Vorteile zu erzeugen, ist sehr groß. Erschwerend kommt noch hinzu, daß die Überströmschlitze sehr ungünstig liegen und nur schwer zugänglich sind, so daß Veränderungen unweigerlich ungenau werden. Genau das darf aber unter keinen Umständen sein, da die Umkehrspülung schließlich nur bei peinlich genauer Symmetrie der Gasstrahle funktioniert. Aber auch wenn man vorhat, ausschließlich die Steuerzeit zu verlängern und die serienmäßige Spülungsrichtung der einzelnen Kanäle genau beizubehalten, wird man scheitern, weil es handwerklich überhaupt nicht möglich ist, sie derartig genau zu bearbeiten. Für die Richtung des Gasstrahls sind die letzten Millimeter des Kanals vor dem Schlitz entscheidend - und genau dort müßten Veränderungen der Schlitzhöhe vorgenommen werden. Durch Arbeiten an den Schlitzen kann die Steurzeit also nicht verändert werden, ohne daß auch gleichzeitig die Strömungsrichtung beeinträchtigt würde.

Aber es gibt da eine andere Möglichkeit. Indem man nämlich den gesamten Zylinder anhebt; auf diese Weise wird schließlich ebenfalls die Höhe der Schlitze angehoben, und das ist es ja, was erreicht werden soll. Das Anheben kann leicht bewerkstelligt werden, indem zwischen Zylinder(-fuß) und Kurbelgehäuse eine der Fußdichtung ähnliche **Distanzscheibe** gelegt wird, notfalls können einfach mehrere dicke Dichtungen gestapelt werden, man sollte aber nicht mehr als drei Scheiben stapeln, weil die ganze Konstruktion sonst zu instabil wird. Besser ist es natürlich, sich aus vollkommen planem Material der entsprechenden Dicke eine Scheibe zu schneiden, die dann oben und unten mit Papierdichtungen abgedichtet wird. Keinesfalls darf der Zylinder aber anschließend schief sitzen, da sonst der Kolben nicht mehr auf seiner vorgesehenen Bahn liefe und sicherlich bald streiken würde.

Selbstverständlich müssen die anderen Veränderungen, die durch die Zylinderanhebung entstanden sind, wieder rückgängig gemacht werden, soweit sie nicht erwünscht sind. Als weitere Veränderungen stellen sich ein: Eine Verlängerung des Auslaßsteuerwinkels; das ist aber natürlich schon rein technisch nicht mehr rückgängig zu machen, dürfte aber auch nicht unbedingt störend sein. Des weiteren wird durch die Distanzscheibe aber auch der Einlaßwinkel verkürzt; das wird wohl stören und kann auf bekannte Weise entweder durch Kolbenhemdkürzung oder durch Erweitern des Einlaßschlitzes unten beseitigt werden. Außerdem muß man die Verdichtung wieder erhöhen, was in diesem Fall nur durch Materialabnahme an der Oberseite des Zylinders möglich sein wird (auf die Laufbahnbeschichtung achten!). Alles in allem also einges an Aufwand.

Und ob sich das unbedingt lohnt, ist auch noch eine Frage. Aufmerksame Leser werden sich bestimmt schon gefragt haben, wo die sonst überall hoch gelobten Gasschwingungen bleiben. Prägen sich bei den Überströmkanälen, die ja auch keine Ventile besitzen, etwa keine Schwingungen aus, die man zur Ladung verwenden könnte? Doch, Schwingungen prägen sich aus, aber zur Ladung sind sie ungeeignet. Und zwar aus dem einfachen Grund, weil die Überstömkanäle viel zu kurz sind, und die sich in ihnen ausprägende Gasschwingung immer eine viel zu hohe Frequenz hat, als daß sie die Ladung eines bei normalen Drehzahlen arbeitenden Motors unterstützen könnte. Deshalb passiert das, was auch schon beim Einlaß besprochen wurde: Die Schwingung läuft während einer Öffnungsperiode mehrfach hin und her und wird natürlich gedämpft. Selbst bei hohen Drehzahlen kann die Füllung höchstens unterstützt werden, wenn die Schwingung 1,5mal hin und her gelaufen ist oder gar noch öfter. Durch die Dämpfung werden somit die Druckunterschiede weitgehend zunichte gemacht, so daß gegen Ende der Überströmzeit in Kurbelgehäuse, Kanälen und Zylinder praktisch gleicher Druck herrscht.

Die einzige Möglichkeit, die Schwingung doch noch irgendwie zu nutzen, besteht deshalb darin, die Dämpfung herabzusetzen. Wie das möglich ist, wurde ja bereits im Kapitel "Widerstände" erläutert: Durch Verrunden, Polieren und Erweitern. Eventuell können deshalb unten erweiterte Kanäle, die sich nach oben hin gleichmäßig verjüngen, von Vorteil sein, weil sie sich in gewissen Bereichen ähnlich verhalten, als hätten sie durchweg den größeren Querschnitt. Großer Wert sollte bei einer derartigen partiellen Erweiterung auf ein strömungsgünstiges Einmünden der Kanäle in den Kurbelraum geachtet werden. Allerdings darf man nicht vergessen: Auch bei den Überströmkanälen hebt eine Querschnittserweiterung die Resonanzfrequenz an - und senkt ärgerlicherweise die Resonanzfrequenz des Einlaßsystems, weil das Volumen der Kanäle zu dem des Kurbelraumes dazu addiert werden muß.

Vorauslaßwinkel

Soweit also das traurige Ergebnis bei den Überströmkanälen. Sehen wir uns nun einmal an, was man mit Hilfe des Auslaßsteuerwinkels alles erreichen kann. Die schwingungsmäßige Anpassung des Auslaßöffnungswinkels an den Resonanzauspuff ergibt sich ja bereits aus den im Kapitel "Auspuff" genannten Formeln. Interessanterweise reicht aber der Einfluß des Auslaßsystems sogar bis in das Kurbelgehäuse hinein, und so liegt der Verdacht nahe, daß man mit seiner Hilfe vielleicht der Spülung noch etwas unter die Arme greifen kann.

Tatsächlich ist das auch möglich. Denn es ist klar, daß das Einstömen des Frischgases erheblich vereinfacht wird, wenn beim Öffnen der Spülschlitze ein geringer Druck im Zylinder herrscht. Erreicht werden kann das, wenn der Auslaß wesentlich früher öffnet, als die Spülschlitze, damit während dieser Vorauslaßzeit ein großer Teil des noch unter hohem Druck stehenden Altgases ausströmen kann. Besonders bei hohen Drehzahlen ist ein großer Vorauslaßwinkel unerläßlich, weil sonst die Zeit zu lang wäre, in der der Druck im Zylinder noch zu groß ist, als daß das Frischgas einströmen könnte. Es passiert nämlich bei zu geringem Vorauslaßwinkel, daß das Altgas zu Überströmbeginn in die Kanäle hineinschießt und kurzfristig eine Art Verschluß bildet, wodurch auch als Nebeneffekt die Kurbelhaustemperatur erhöht wird, was die Füllung - der verringerten

Dichte des **Frischgases** wegen - verschlechtert. Die Gefahr aber, daß das Altgas bis ins Kurbelgehäuse gelangt, ist sehr gering, weil der Druck im Zylinder durch die auspuffseitige Resonanzschwingung ziemlich schnell abgesaugt wird und der Strömungswiderstand der Spülkanäle dem ersten Ansturm standhält. Allerdings sieht man, daß zu eventuell veringertem Strömungswiderstand der Spülkanäle vernünftigerweise auch ein größerer Vorauslaßwinkel gehört, zumal beide Maßnahmen hohen Drehzahlen zugute kommen.

Allerdings muß man bei großem Vorauslaß mit stark erhöhtem Kraftstoffverbrauch rechnen, eben weil der kurzfristige Verschluß der Spülkanäle fehlt. Es ist leider so, daß desto mehr Frischgas verloren geht, je vollständiger der Zylinder vom Altgas befreit und mit Frischgas gefüllt werden soll. Man kann sich leicht klarmachen weshalb: Wenn der Zylinder nur zu 50% mit Frischgas gefüllt werden sollte, man also nichts dagegen hätte, daß 50% Altgas im Zylinder verbleiben, dann brauchte man sich keine Sorgen zu machen, daß irgendwelches Frischgas schon bei dem Spülungsvorgang durch den Auslaß entfleucht. Wenn man sich mit einer kärglichen Zylinderfüllung von nur 50% aber nicht zufrieden geben will, sondern 100% (oder mittels Resonanzaufladung noch mehr!) anstrebt, dann wird man nicht umhinkommen, den Zylinder richtig "durchzublasen" - und dabei geht natürlich Frischgas verloren, und sei das Auspuffsystem noch so gut abgestimmt.

Das Verhältnis der Menge des Frischgases, das für den Spülungsvorgang aufgewendet wird, zu dem Hubvolumen, wird als **Spülmittelaufwand** bezeichnet. Nun ist es aber leider so, daß der Spülmittelaufwand bei weitem überproportional ansteigt, wenn man sich dem Optimum der Zylinderfüllung nähern will. Mit anderen Worten, die letzten Pferdchen ("Kilowättchen" müßte man eigentlich sagen) müssen besonders teuer über den Kraftstoffverbrauch bezahlt werden.

Für den Vorauslaßwinkel heißt das, daß er für hohe Drehzahlen und gute Zylinderfüllung groß sein muß, den Kraftstoffverbrauch aber ab einem bestimmten Wert fast sprunghaft ansteigen läßt, die Leistung dagegen nur recht zögernd folgt. Außerdem hat ein großer Auslaßwinkel natürlich immer den Nachteil, den alle Steuerwinkel bei schlitzgesteuerten Zweitaktern haben: Er verkürzt den Nutzhub. Je früher der Auslaß nach dem Arbeitstakt öffnet, desto kürzer nur kann der Gasdruck auf den Kolben wirken und desto weniger Arbeit kann verrichtet werden. Wer sich also für hohen Spülmittelaufwand entschieden hat, der sollte unbedingt versuchen, den Druck im Zylinder vor der Überströmöffnung durch die Schlitzbreite abzusenken und erst dann, wenn nichts mehr möglich ist, mit Hilfe eines größeren Vorauslaßwinkels. Es gilt hier, wie überall: Lieber große Querschnitte als lange Steuerzeiten!

Bezüglich der Schlitzverbreiterung ist man aber leider arg eingeengt: Für die handwerklich Ausführung gelten nämlich die gleichen Grundsätze wie schon beim Einlaßschlitz erklärt. Allerdings ist hier alles noch etwas schwieriger, weil der Schlitz in seiner gesamten Höhe von Ringen überlaufen wird. Während man beim Einlaß also wenigstens im unteren Teil weitgehend freie Hand hat und ihn fast beliebig erweitern kann, ist der Auslaßschlitz in jedem Fall auf die 60% der Zylinderbohrung begrenzt - bei stark ovaler Form oder mit Steg ist eventuell etwas mehr möglich. In jedem Fall sollte man aber auch daran denken, daß die Temperaturen am Auslaß wesentlich höher sind als am Einlaß.

DER KOLBEN

Der Kolben ist zweifellos eines der wichtigsten Teile an einem Motor, bei einem Zweitakter allemal, weil er dort eine Doppelfunktion einnimmt, nämlich zum einen den Gasdruck auf die Kurbelwelle überträgt und zum anderen den Gaswechsel steuert. Deshalb wäre es für allerhöchste Leistungssteigerungen eigentlich nötig, hier - wie auch am Kurbeltrieb - umfangreiche Änderungen vorzunehmen. Tuning-Spezialisten gehen auch in der Tat so weit, daß sie sich ihrer Meinung nach optimale Kolben konstruieren und von Spezialfirmen entsprechende Kolben-Rohlinge anfertigen lassen, meistens bessere Metallklötze, denen man die Ähnlichkeit mit einem Kolben nur mit gut ausgeprägter Phantasie zusprechen würde. Diese Rohlinge müssen dann in mühsamer Kleinarbeit zu lauffähigen Kolben verarbeitet werden. Man kann sich leicht vorstellen, wieviel Erfahrung und Geschick dazu gehört, wenn man weiß, daß ein fünfzigstel Millimeter schon die Laufeigenschaften des Motors erheblich verändern kann und daß diese minimalen Toleranzen über die ganze große Fläche des Kolbenhemdes eingehalten werden müssen. Als Gelegenheits-Bastler hat man da kaum eine Chance - schon allein, weil die nötigen Werkzeuge, wie zum Beispiel Drehbank, fehlen. Und leider läßt es sich im Rahmen dieses Buches natürlich nicht unterbringen, das gesamte dafür erforderliche zu Wissen vermitteln.

Wir werden uns deshalb bei Veränderungen am Kolben etwas zurückhalten müssen und uns auf Bearbeitungen des Kolbenhemdes beschränken - und schon da werden wir auf einige harte Nüsse in Form massiver Schwierigkeiten stoßen. Allerdings kann man auch schon mit diesen einfacheren Veränderungen einiges erreichen. Daß die Bearbeitung des Kolbens aber tatsächlich eine ziemlich heikle Angelegenheit ist, kann man auch daraus ersehen, daß sogar oben erwähnte Meister-Tuner normalerweise erst einen ganzen Stapel Kolben und Zylinder im wahrsten Sinne des Wortes "versägen", wenn sie auf dem Weg zu Spitzenleistungen besonders krasse Veränderungen erproben. Damit für uns, die wir uns ein derartiges Ausloten von Grenzwerten wahrscheinlich nicht leisten können, der Kolben wenigstens als Motorenbestandteil halbwegs greifbar wird, sehen wir ihn uns zuerst einmal etwas genauer an.

Die Konstruktion des Kolbens

Wir wissen: Der Kolben muß bis zu 10.000 Mal in der Minute den gesmten Arbeitsdruck über sich ergehen lassen und deshalb natürlich entsprechend stabil gebaut sein. Da der Kolbendurchmesser durch die Zylinderbohrung ja bereits vorgegeben ist, wäre es also von dieser Seite aus gesehen das Beste, wenn er möglichst lang wäre, denn so wäre er am festesten und könnte gleichzeitig das Kurbelgehäuse am besten gegen den Zylinder abdichten. Außerdem ist die Gefahr, daß der Kolben kippt, also nicht mehr parallel zur Zylinderwand steht, bei langem Kolben geringer.

Andererseits sollte aber möglichst wenig Reibungswiderstand am Zylinder auftreten; so gesehen sollte der Kolben also besser kurz sein. Für einen kurzen Kolben spricht aber auch das leichtere Gewicht. Denn da der Kolben ja zu den oszillierenden (hin- und herbewegenden) Massen gehört, sollte seine Masse gering sein, in Rücksichtnahme auf den Energieverlust, der jedesmal auftritt, wenn er in den Totpunkten erst abgebremst und beschleunigt wird. Ein kleiner Blick auf die Formel für die kinetische Energie zeigt, daß hohe Drehzahlen ohne leichten Kolben wahrscheinlich überhaupt nicht möglich wären: $E = m \cdot V^2/2$. Das heißt im Klartext: Weil die Kolbengeschwindigkeit proportional zur Drehzahl ist, nimmt der für die Beschleunigung der Masse des Kolbens notwendige Energieaufwand quadratisch mit der Drehzahl zu. Das gibt den Ausschlag für kurze und deshalb leichte Kolben; obwohl sie mit den oben erwähnten Nachteilen behaftet sind. Übermäßig kurz werden kann der Kolben bei einem Zweitakter aber sowieso nicht, weil in der unteren Totpunktstellung ja noch zumindest der Einlaßschlitz gegenüber dem Zylinderinnenraum verschlossen gehalten werden muß und im oberen Totpunkt der Auslaßschlitz gegen das Kurbelgehäuse.

Dann gibt es noch ein weiteres - nicht zu kleines - Problem bei der Kolbenkonstruktion: Das ist die Wärmeableitung. Das Problem liegt darin, daß der Kolben, obwohl er direkt der Verbrennungshitze ausgesetzt ist, sozusagen in der Mitte des Motors sitzt und deshalb keine eigene Kühlfläche besitzt. Es gibt für ihn also nur zwei Wege, sich zu kühlen: Er kann die Wärme an die Zylinderwand abgeben, was aber nicht ganz so einfach ist, weil nur die Ringe den Zylinder überhaupt berühren; das Kolbenhemd ist durch den Ölfilm weitgehend isoliert, so daß auf diesem Weg nur wenig Wärme abgegeben werden kann. Der Wärmefluß muß daher fast ausschließlich über die Ringe erfolgen - deshalb sind Kolben mit mehreren Ringen auch nicht unbedingt die schlechteren, obwohl sie natürlich einen größeren Reibungswiderstand erzeugen. Die andere Möglichkeit für den Kolben, seine Wärme abzugeben, ist der Frischgasstrom. Er leistet den weitaus größten Beitrag zur Kühlung des Kolbens, weil er verglichen mit den Temperaturen im Motorinneren den reinsten Eissturm darstellt. Deshalb ist es auch günstig, die Spülung so zu gestalten, daß der Frischgasstrom zuerst über den Kolbenboden geleitet wird - aber darauf hat unsereins sowieso keinen Einfluß.

Man sieht also, daß sich der Kolben im Betrieb stark erwärmt und sich entsprechend ausdehnt. Wegen dieser nicht gerade unerheblichen Wärmedehnung hat er auch eine etwas merkwürdige Form, was man aber erst bei genauerm Hinsehen bemerkt; das heißt, auch dann wird man die Kuriosität sicherlich auch noch nicht bemerken, weil sie sich nämlich in der Größenordnung von etwa 3/10 mm bewegt. Um diesen Wert ist der Kolben nämlich nicht genau zylinderförmig, sondern verschmälert sich nach oben hin; denn dort wird er schließlich stärker erwärmt und dehnt sich also auch entsprechend stärker aus. Durch seine konische Form wird dieser Effekt aber ausgeglichen, mit dem Erfolg, daß das Hemd bei Betriebstemperatur genau parallel zur Zylinderwand verläuft. Unterhalb der Betriebstemperatur, also während der Warmlaufphase, hat diese Form aber zu Folge, daß der Kolben sozusagen nicht paßt; und zwar gerade im Ringbereich, weil dort sein Durchmesser im kalten Zustand ja am geringsten ist - und das, obwohl es besonders für die Führung der Ringe wichtig ist, daß der Kolben dicht genug an der Zylinderwand anliegt. Deshalb sollte ein Motor während der Warmlaufphase etwas geschont werden. Ein Hochstart bei noch völlig kaltem Motor kann zum Beispiel den gleichen Verschleiß verusachen, wie über 1000 bei Betriebstemperatur gefahrene Kilometer.

Auch um der Wärmedehnung vorzubeugen, ist der Durchmesser des Kolbens bei Rennmotoren manchmal etwas kleiner als er es bei einem Serienmotor mit gleicher Bohrung wäre. Denn bei Serienmotoren liegt die Priorität eher bei geringerem Verschleiß und höherer Alltagstauglichkeit, z. B. einer kurzen Warmlaufphase, außerdem dürfte bei Serienmotoren der Kolben ohnehin weniger heiß werden; Rennmotoren werden dagegen sowieso fast nur bei Betriebstemperatur eingesetzt - aber ein Kolbenfresser ist bei einem Rennen mit Sicherheit unangenehmer als eine verlängerte Warmlaufphase. Der gelegentlich verbreitete Ratschlag aber, man solle die Zylinder leistungsgesteigerter Serienmotoren minimal aufbohren, um der Wärmedehnung des Kolbens genüge zu tun, ist wertlos, weil bei einem derartig be- bzw. mißhandelten Motor die Führung der Kolbenringe keinesfalls mehr gewährleistet werden könnte.

Veränderungen am Kolben

Es bleibt also dabei: Die Arbeiten, die wir am Kolben durchführen können, beschränken sich auf das Kolbenhemd. Aber da kann man auch schon einges machen, schließlich übernimmt die untere Kolbenkante die Steuerung des Einlaßschlitzes und manchmal auch der Überströmkanäle. Man kann dann Einfluß auf die Steuerwinkel nehmen, indem man das Kolbenhemd an den entsprechenden Stellen kürzt. Aber das Ganze bringt einige Nachteile mit sich, die leicht übersehen werden.

Die Probleme beginnen damit, daß der Kolben sein Hemd ja nicht nur zum Spaß hat, sondern es ihm auch einen großen Teil seiner Festigkeit und Solidität verleiht. Wenn man nun einfach das Hemd kürzt, indem man ein "Fenster" hinein feilt, dann hat das natürlich starke Stabilitätseinbußen zur Folge. Das gilt besonders dann, wenn sich genau dort, wo das Fenster geplant ist, womöglich gerade eine Versteifungsrille befindet; allerdings ist dieser Fall glücklicherweise sehr unwahrscheinlich. Trotzdem muß bei Materialabnahmen am Kolbenhemd immer die Festigkeit des Kolbens im Auge behalten werden.

Aber auch durch die mit der Materialabnahme verbundene Gewichtsersparnis sind Probleme verbunden, obwohl man eine Gewichtseinsparung eigentlich für durchweg positiv halten sollte; schließlich wird dadurch seine träge Masse verringert. Wird der Kolben aber nur auf einer Seite erleichtert, dann ist die Massenverteilung im Kolben ungünstig und es besteht die Gefahr des Kippens. Aber auch dann, wenn die Materialabnahme gleichmäßig erfolgt, ist keineswegs alle Gefahr gebannt. Der Kurbeltrieb ist dann nämlich nicht mehr ausgewuchtet. Und das hat geradezu erschütternde Folgen, und zwar im wahrsten Sinne des Wortes. Aber bevor wir uns mit diesen unangenehmen Dingen eingehender beschäftigen, sehen wir uns zuerst an, wie man überhaupt am Kolben arbeitet. Außerdem, wer sich nur an sehr kleine Veränderungen machen möchte, dem sei tröstend gesagt, daß Gewichtsveränderungen bis fünf Gramm im allgemeinen unerheblich sind.

Man wird sich vielleicht fragen, weshalb man in Anbetracht all dieser Nachteile überhaupt Veränderungen der Steuerzeiten mittels Kolbenhemdkürzung und nicht gleich an den Kanalöffnungen selbst durchführen sollte. Dafür gibt es mehrere Gründe. Einer davon ist der, daß man beim Einlaßschlitz den Strömungswiderstand herabsetzen kann, indem man die Form des Kolbenhemdes der des

Schlitzes angleicht. Außerdem - es wurde bereits bei der Besprechung des Einlaßschlitzes darauf hingewiesen - ist es ebenfalls für die Strömungswiderstände günstig, wenn die Kolbenkante den Einlaßschlitz etwas überläuft, damit der Schlitz wenigstens während eines Teiles der Öffnungszeit vollständig geöffnet ist. Deshalb sollte nach Möglichkeit ein sehr weites Überlaufen des Einlaßschlitzes durch die Kolbenkante angestrebt werden. Um aber überhaupt noch irgendwie die nötige Schlitzfläche unterbringen zu können - die maximale Schlitzbreite ist ja leider begrenzt - wird es wohl das beste sein, wenn er vom Kolben um etwa 15% der Schlitzhöhe überlaufen wird. Mit dieser Faustregel kann man meist recht gut entscheiden, ob die Einlaßsteuerzeit nun an der Kanalöffnung oder am Kolbenhemd verändert werden soll.

Manchmal tritt aber auch der Fall ein, daß Verlängerungen der Steuerzeiten so gut wie überhaupt nicht durch Veränderungen an den Schlitzen erzielt werden können, weil die Kanäle zu ungünstig liegen. Für diese Fälle ist es also ratsam, wenn nicht gar notwendig, den Kolben zu bearbeiten. Allerdings muß man ihn sich dafür vorher sehr genau ansehen, weil die Steuerung der Spülkanäle recht kompliziert sein kann. Manchmal wird das Frischgas zum Beispiel erst durch das Kolbeninnere und ein "Loch" im Kolbenhemd zum Kanal geleitet.

Handwerkliches zur Kolbenbearbeitung

Wer das erstemal versucht, einen Kolben auszubauen, dem kann es passieren, daß er auf einmal stecken bleibt, weil es ihm nicht gelingt, den Kolbenbolzen zu lösen. Deshalb hier eine Beschreibung, wie man es macht:

Zuerst wird der Seegerring (der Sicherungsring) gelöst, indem die beiden nach innen stehenden Drahtstücke mit einer schlanken Zange zusammengedrückt werden, so daß der Ring aus seiner Nut herausgezogen werden kann. Vorher sollte man aber besser das Kurbelgehäuse mit einem Lappen abdecken, weil dieser Ring eine penetrante Lust verspürt, dort hineinzufallen - und es nicht gerade ein Vergnügen, ihn da wieder herauszubekommen. Nachdem der Ring gelöst ist, müßte man den Kolbenbolzen eigentlich herausdrücken können; manchmal funktioniert das, manchmal aber auch nicht. Wenn nicht, dann sollte man aber davon absehen, sich mit Hammerschlägen zu behelfen, das geht nämlich sehr zu Lasten der untern Pleuellagerung, die auf seitliche Kräfte nicht ausgelegt ist.

Meist hilft es in diesen Fällen, wenn man folgenden kleinen Trick kennt: Der Innendurchmesser des Kolbenauges wird nämlich größer, wenn der Kolben erwärmt wird. Auf den ersten Blick ist das erstaunlich, weil man annehmen sollte, daß das Kolbenmaterial bei der Ausdehnung die Wandstärke des Kolbenauges verstärkt und so das "Loch" verkleinert wird. In Wahrheit ist es aber so, daß die Zunahme der Wandstärke nur den Außendurchmesser vergrößert - der Innendurchmesser wächst entsprechend mit. Diese Tatsache sollte man sich auch für andere festsitzende Teile merken. - Um also einen festsitzenden Kolbenbolzen herauszudrücken, genügt es deshalb meistens schon, den Kolben mit der Hand anzuwärmen, damit er sich etwas ausdehnt, und sich der Kolbenbolzen dann leichter bewegen läßt. Wenn das immer noch nicht genügt, kann es noch mit heißen Wasserlappen versuchen. Bis zur Lötlampe sollte man aber nicht gehen, weil sich dann der Kolben verziehen könnte.

Wenn der Bolzen trotz heißer Lappen immer noch bombenfest sitzt - was aber nur in den seltensten Fällen passieren dürfte -, dann muß man sich folgende Vorrichtung basteln: Ein Metallband, dessen Länge größer ist als der Umfang des Kolbens, wird mit drei Löchern versehen, eines in der Mitte und jeweils eines an beiden Enden. Dieses Band wird so zu einem Ring gebogen, daß die beiden äußeren Löcher übereinander zu liegen kommen, woraufhin durch beide eine große Schraube von etwa dem Durchmesser des Kolbenbolzens geschoben wird, die durch eine Mutter zu sichern ist. Dieser Ring wird so um den Kolben gelegt, daß sich das einzelne, noch freie Loch mit einem der Kolbenaugen deckt, wobei zwischen Metallband und Kolben geschobener Stoff oder Schaumstoff den Kolben vor Verkratzungen schützt. Wird nun die Schraube in die Mutter gedreht, dann drückt sie den Bolzen auf der gegenüberliegenden Seite heraus, ohne irgendwelche Kräfte auf die Pleuel auszuüben.

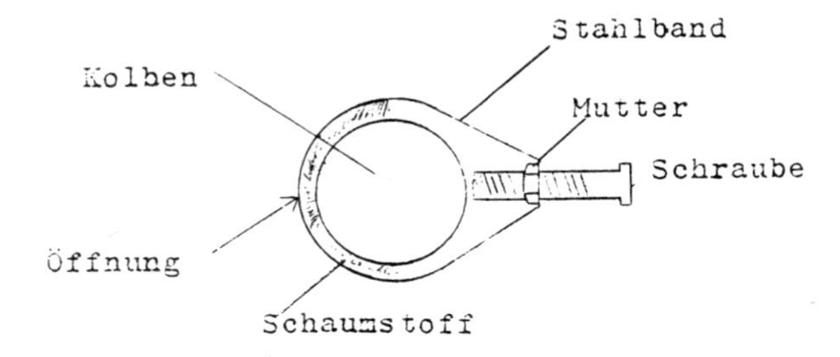

Wenn man den Kolben nun glücklich in der Hand hält und ihn bearbeiten möchte, wird man das Bedürfnis verspüren, ihn in den Schraubstock einzuspannen. Davon sollte man aber unbedingt absehen, weil er nämlich auf seitliche Kräfte sehr empfindlich reagiert und sich leicht verformt. Ein aber auch nur minimal - das heißt im Hundertstelmillimeterbereich - verformter Kolben würde ungleichmäßig an der Zylinderwand anliegen, ungleichmäßig tragen und dann ziemlich schnell festgehen. Wenn man den Kolben also mit dem Schraubstock festhalten möchte, dann muß man sich erst eine geeignete Haltevorrichtung bauen. Gut eignet sich ein längsgeteilter Holzblock, der parallel zur Längsteilung eine zylindrische Bohrung mit knappem Zylinderdurchmesser besitzt, die dann den Kolben aufnimmt.

Nach soviel Vorbereitung ist die eigentliche Kolbenbearbeitung das reinste Kinderspiel. Als Werkzeug verwendet man wieder Biegewelle oder Feile, ganz nach Geschmack. Die hergestellten Kürzungen und Aussparungen müssen natürlich gut verrundet werden, ähnlich den Kanalschlitzen und entstandene Grate werden sorgfältig entfernt. Falls man - zum Beispiel, um die Gewichtsverteilung innerhalb des Kolbens gleichmäßig zu belassen - auch auf der Auslaßseite Material abnehmen sollte, muß darauf geachtet werden, daß der Auslaßkanal in der oberen Totpunktstellung noch um mindestens fünf Millimeter überlappt bleibt, damit eine Abdichtung des Kurbelgehäuses gegen den Auspuff gewährleistet ist.

Wenn der Kolben dann nach der Bearbeitung wieder eingebaut wird, sollte man sich bei dem Wiedereinbau des Sicherungsringes große Mühe geben, weil nachlässig eingebaute Seegerringe eine häufige Ursache für große Motorschäden sind. Außerdem muß noch darauf geachtet werden, daß sich die Kolbenringe in der richtigen Position befinden. Wenn nämlich die Nut (die offene Stelle des Ringes) über eine Kanalöffnung läuft, dann federt der Ring ein und verursacht einen kleinen Totalschaden. Deshalb ist für jeden Ring in seiner Kolbennut (das ist die Rille, in der sich der Ring befindet) ein Sicherungsstift vorhanden, der ein Verschieben des eingebauten Ringes verhindert. Während des Einbaus muß natürlich darauf geachtet werden, daß die Ringnut bei dem Sicherungsstift zu liegen kommt.

Manchmal wird man beim Einbau noch feststellen, daß die Ringe eine recht große Spannung aufweisen und sich deshalb ziemlich störrisch verhalten, wenn man den Zylinder wieder über den Kolben schieben möchte. In diesem Fall sollte man am besten zu zweit arbeiten, so daß der eine die Ringe zusammendrückt und der andere den Zylinder hält. Oder aber man bastelt sich eine Manschette, mit der man auch alleine die Ringe zusammendrücken kann.

Auswuchtung

Es ist ja mittlerweile bekannt, daß jedesmal, wenn der Kolben seine Bewegungsrichtung ändert, eine Kraft auf ihn einwirkt. Da sich aber jede Kraft gegen irgendetwas abstützen muß - Aktion gleich Reaktion, wie man in wissenden Kreisen zu sagen pflegt - muß auch die in den Totpunkten auftretende Trägheitskraft an anderer Stelle in Erscheinung treten. Und diese Stelle ist die Kurbelwelle. Würden die Trägheitskräfte nicht irgendwie unterdrückt, dann würden sie vollständig nach außen als Vibrationen spürbar und würden in gleicher Weise wie den Fahrer auch die Kurbelwelle maltretieren, was sich dann in einer arg verkürzten Lebensdauer niederschlüge; des Motors, nicht unbedingt auch des Fahrers.

Damit das nicht passiert, wird die Kurbelwelle entsprechenden Gegenkräften ausgesetzt, die durch die Hubscheiben erzeugt werden. Natürlich können sich beide Kräfte niemals vollständig aufheben, da die Hubscheiben eine Drehbewegung ausführen, der Kolben aber auf und ab läuft. Würde man die Hubscheiben nämlich so auslegen, daß sie die auf den Kolben wirkenden Beschleunigungskräfte vollständig ausgleichen, dann entständen plötzlich neue Vibrationen senkrecht zur Bewegungsrichtung des Kolbens, die dann nicht durch den Kolben, sondern durch die Hubscheiben verursacht würden. Im allgemeinen läßt es sich so einrichten, daß für den Drehzahlbereich, in dem der Motor bevorzugt betrieben werden soll, eine genügende Kompensation erreicht wird.

Ganz unterdrücken kann man die Vibrationen nur dann, wenn zwei gleichartige Kolben gegeneinander arbeiten. Das ist entweder bei einem Boxermotor der Fall, oder bei einem 180°-V-Motor, einem "falschen" Boxer. Falsch deshalb, weil bei ihm beide Pleuelstangen am selben Hubzapfen befestigt sind und nicht wie beim echten Boxer an um 180° versetzen Zapfen. Dadurch bewegen sich die Pleuelstagen des V-Motors immer in gleicher Richtung und verursachen so trotzdem - wie auch beim Einzylinder - senkrecht zur Bewegungsrichtung des Kolbens schwingende Vibrationen. Beim echten Boxer dagegen arbeiten auch die

Pleuelstangen gegeneinander und unterdrücken so auch diese Art von Vibrationen. Nicht unterdrückt werden können dagegen die Kippkräfte, die entstehen, weil die beiden Pleuel an verschiedenen Seiten der Hubscheibe ansetzen. Um auch diese noch zu beseitigen, wäre ein Vier-Zylinder Boxer nötig - und derartige Motoren laufen dann aber manchmal auch so ruhig, daß man während des Laufes ein Fünfmarkstück auf das Motorengehäuse stellen kann.

Kommen wir aber wieder auf unsere Einzylinder-Motoren zurück, bei denen sich die Auswuchtung auf die heilsame Wirkung der Gegengewichte der Hubscheiben beschränkt. Wenn bei einem derartigen Motor, der von Natur aus nur recht und schlecht ausgewuchtet ist, auch noch das Gewicht des Kolbens verändert wird, dann ist die Auswuchtung natürlich ganz hinüber und die Vibrationen, also die auf die Kurbelwelle einwirkenden Kräfte, werden in erheblichem Umfang zunehmen und dabei die Lager auf die Dauer über Gebühr belasten und nicht zuletzt auch das Fahrwerk, in das der Motor wohl sicherlich eingebaut werden soll. Das ist umso schlimmer, als der Einfluß der Vibrationen quadratisch mit der Drehzahl wächst und für hohe Literleistungen ja bekanntlich hohe Drehzahlen erforderlich sind.

Deshalb wird man wohl bei auch nur etwas umfangreicheren Gewichtsveränderungen am Kolben um die Auswuchtung nicht herumkommen. Es gibt dafür zwei Möglichkeiten; die eine ist aber viel zu kompliziert, als daß sie für uns von Bedeutung sein könnte. Bei ihr werden in den Hubscheiben Bohrungen angebracht, die mit Materialien entweder höherer oder niedrigerer Dichte als der der Hubscheiben ausgefüllt werden, wodurch dann der Grad der "Gegenunwucht" verändert wird, wobei der Einfluß dieser Trimmgewichte umso größer ist, je weiter sie von der Drehachse entfernt sind.

Die andere Methode ist wesentlich einfacher, hat aber den Nachteil, daß mit ihrer Hilfe die träge Masse auf der Seite des Kolbens nur erhöht, nicht erniedrigt werden kann. Das ist aber nicht weiter schlimm, weil unser einziges Problem sein wird, einen Gewichtsverlust des Kolbens auszugleichen, der durch Materialabnahme am Kolbenhemd entstanden ist. Man geht denkbar einfach vor: Es wird einfach ein kleines Röhrchen, dessen Gewicht dem des am Kolben abgenommenen Materials entspricht, in den Kolbenbolzen geschoben. Man kann so die Auswuchtung sogar noch nach einem Fahrversuch etwas verändern, wenn sich herausstellt, daß die Masse des Röhrchens zu groß war, indem es nämlich einfach gekürzt oder etwas aufgebohrt wird. Um den Gewichtsverlust des Kolbens zu ermitteln, muß man natürlich nicht die Metallspäne zusammenklauben, sondern braucht den Kolben nur vor und nach der Bearbeitung zu wiegen; die Differenz aus beiden Messungen ergibt dann den gesuchten Wert.

Das einzige Problem bei dieser Auswucht-Methode ist die Befestigung des Röhrchens. Weil es schwierig sein dürfte, einen Klebstoff aufzutreiben, der den geforderten Temperaturen standhält, muß man sich darauf verlassen, daß das Röhrchen durch die Sicherungsringe, die auch den Kolbenbolzen halten, mitbefestigt wird. Das ist natürlich am einfachsten, wenn es recht genau die gleiche Länge wie auch der Bolzen hat. In jedem Fall sollte es aber auch gleichzeitig in den Bolzen eingeschrumpft werden. Damit das richtig funktioniert, muß man sich das Röhrchen anfertigen lassen, und zwar so, daß es auf wenige hundertstel Millimeter genau den gleichen Außendurchmesser hat, wie der Innendurchmesser des Bolzens beträgt, so daß es sich in dem Bolzen so gut wie nicht bewegen läßt. Man kann es dann in den Bolzen hineinpraktizieren, indem man ihn erwärmt, wodurch er sich ausdehnt und sein Innendurchmesser zunimmt. - Wenn die Wärmedehnung des eingesetzten Röhrchens größer ist als die des Bolzens, sitzt es dann bei Betriebstemperatur des Motors besonders fest. Allerdings sollten die Wärmedehnungseigenschaften der beiden Materialien nicht allzu unterschiedlich sein, weil sonst eventuell Verspannungen auftreten könnten.

Wer übrigens versuchen sollte, die Masse des Kurbeltriebs auf der Seite des Kolbens zu verringern, indem er den Kolbenbolzen aufbohrt, wird sicherlich enttäuscht werden. Ganz abgesehen davon, daß der Kolbenbolzen dadurch wahrscheinlich zuviel an Festigkeit einbüßen würde, und diese Maßnahme schon von daher recht fragwürdig ist, ist das Material, aus dem der Bolzen besteht, viel zu hart, als daß man mit einem normalen Bohrer etwas Vernünftiges ausrichten könnte.

Mittlere Klolbengeschwindigket

Selbst bei optimaler Auswuchtung des Kurbeltriebs ist bei irgendeiner Drehzahl ein Wert erreicht, der nicht mehr überschritten werden kann, ohne die einzelnen Teile zu überlasten. Um hier einen Vergleichswert zu erhalten, verwendet man gern die mittlere Kolbengeschwindigkeit; denn es ist klar, daß man bei Motoren mit verschiedenen Hüben nicht einfach die Drehzahlen vergleichen kann: Bei einem größeren Hub muß der Kolben während einer Umdrehung einen viel größeren Weg zurücklegen als bei kleinem Hub, sich also schneller bewegen. Und es ist bekannt, daß die auftretenden Trägheitskräfte quadratisch mit der Kolbengeschwindigkeit wachsen - ganz abgesehen davon, daß durch größere Kolbengeschwindigkeiten natürlich auch die Ringe erheblich stärker belastet werden, insbesondere im Bereich der Schlitze. Wenn man ganz genau sein wollte, müßte man, um die Grenzen der Belastbarkeit auszuloten, eigentlich die maximale Kolbengeschwindigkeit und -beschleunigung ermitteln. Weil das aber ziemlich aufwendig ist, verwendet man im allgemeinen lieber die mittlere Kolbengeschwindigkeit, die recht leicht zu ermitteln ist und auch schon ausreichende Aussagen liefert.

Sie zu berechnen, ist denkbar einfach: Man setzt in die bekannte Gleichung v = s/t ("Etwas Mechanik"...) einfach die Strecke ein, die der Kolben pro Kurbelwellenumdrehung zurücklegt, und die Zeit, die er dafür benötigt. Die Strecke ist demnach der zweifache Hub: s = 2h. Die Zeit ist abhängig von der Drehzahl, ist nämlich gleich deren Kehrwert: t = 1/n (min), damit das Ergebnis in Sekunden steht, also t = 60/n. Für die mittlere Kolbengeschwindigkeit erhält man dann die Formel:

$$vm = \frac{h \cdot n}{30} \quad (m/s) \qquad\qquad n = \frac{30 \cdot vm}{h} \quad (1/s)$$

Mit: vm = Mittlere Kolbengeschwindigkeit (m/s)
h = Kolbenhub (m)
n = Drehzahl (1/min)

Obwohl dieser Wert, wie gesagt, nur unvollständige Vergleiche zuläßt, kann man sich an folgenden Werten recht gut orientieren: Ein Gebrauchs- oder Tourenmotor sollte den Wert von etwa 15 m/s nicht überschreiten, schnelle bis sehr schnelle Motoren liegen im Bereich von etwa 16 - 18 m/s, was aber schon recht viel ist, und nur Rennmotoren erreichen Werte von bis zu 23 m/s - das ist dann aber schon das absolute Maximum, das überhaupt noch irgendwie erreicht werden kann. Man sollte versuchen, die mittlere Kolbengeschwindigkeit nicht über 18 m/s zu steigern. Übrigens ist zu beachten, daß ein Kurzhuber zwar bei gleicher Drehzahl eine geringere Kolbengeschwindigkeit aufzuweisen hat als ein Langhuber gleichen Hubraums, bei gleicher Kolbengeschwindigkeit aber stärker beansprucht wird, weil die Masse des Kurzhuber-Kolbens seines größeren Radius wegen ebenfalls größer ist.

Einfahren

Weil sich der Kolben mit sehr großen Geschwindigkeiten im Zylinder bewegt - 18 m/s mittlere Kolbengeschwindigkeit entsprechen 65 km/h! -, müssen Kolben, Ringe und Zylinder natürlich gut zueinander passen, sprich: exakt die gleiche Form und Oberflächenrauhigkeit besitzen. Weil die dazu erforderlichen Toleranzen verschwindend klein sind, können die Teile niemals so genau gefertigt werden, daß sie sofort hundertprozentig passen - kein Wunder, denn es machen sich hier bereits wenige my (Mikrometer = 1/1000 Millimeter) bemerkbar, das ist die Größenordnung, in der sich die Wandrauhigkeit bewegt. Das ist der Grund, weshalb neue Kolben, Ringe und Zylinder eingefahren werden müssen: In der Einfahrzeit reiben sich die beweglichen Teile aneinander ab und erhalten so eine vollkommen aufeinander abgestimmte Form. Es ist also nicht das Ziel des Einfahrens, wie vielfach behauptet, möglichst glatte Flächen zu erzeugen, sondern möglichst gut zueinander passende.

Deshalb werden neue Teile unter den Betriebsbedingungen, unter denen sie auch später arbeiten sollen, eingefahren. Das heißt, während der mindestens zehn Stunden dauernden Einfahrzeit sollte der Motor etwa mit den normalen Betriebsdrehzahlen und -temperaturen betrieben werden, eine länger andauernde Höchstbelastung sollte allerdings vermieden werden. Auch sollte man ganz zu Beginn noch etwas vorsichtig sein und die Leistungsabgabe langsam steigern.

Eingefahren werden muß natürlich auch dann, wenn nur eines der oben genannten Teile ausgewechselt wird, also auch bei neuen Kolbenringen. Neue Kolbenringe können aber nicht in alten Zylindern eingefahren werden, weil die Zylinderoberfläche dann ja bereits geglättet ist, bei den neuen Ringen also keinen gewünschten Verschleiß verursachen kann und sich so die beiden Teile nicht aufeinander einspielen werden. Man hört bei hochdrehenden Motoren tatsächlich häufiger von schweren Motorschäden, die aufgrund dieser Erscheinung aufgetreten sind. Um dem vorzubeugen, sollte deshalb ein Zylinder vor dem Einbau neuer Ringe erst gehont (aufgerauht) werden. Bei langsam drehenden Touren-Motoren mit mittleren Kolbengeschwindigkeiten von vielleicht 8 m/s ist das natürlich noch nicht unbedingt erforderlich...

VERBRENNUNG UND GEMISCH

Der Brennraum

Der Brennraum, das ist der Raum, der über dem Kolben liegt, wenn sich dieser in der oberen Totpunktposition befindet; die Brennraumform wird demnach zum einen durch den Kolbenboden und zum anderen durch die Form des "Loches" im Zylinderkopf bestimmt. Ihre Aufgabe ist es, die Verbrennung möglichst gewinnbringend zu gestalten. Bevor nun aber verraten wird, wie sie das macht, soll erst einmal etwas zum Wesen der Verbrennung selbst gesagt werden:

Wenn der Kolben das Frischgas verdichtet, dann erwärmt es sich dadurch ganz erheblich - jeder, der einmal einen Fahrradreifen aufgepumpt hat, kennt diesen Effekt von der Luftpumpe. Kurz vor dem oberen Totpunkt entzündet nun die Kerze die ihr naheliegenden Gasmoleküle, die dann ihrerseits leichtes Spiel haben, ihre Nachbarmoleküle zu entzünden. Auf diese Weise breitet sich gleichmäßig um die Kerze als Zentrum eine Feuerfront aus, die mit Geschwindigkeiten von 70 bis zu 200 km/h den gesamten Brennraum einnimmt und so den kolbenbeschleunigenden Druck erzeugt. Besonders bei hoher Verdichtung kann es nun aber passieren, daß das gesamte auf diese Weise noch nicht erreichte Gas durch die es umgebenden hohen Temperaturen - von der einen Seite her das bereits entflammte Gas, von der anderen der heiße Kolben - spontan an allen Stellen gleichzeitig entzündet wird, es, mit anderen Worten, explodiert.

Dadurch entsteht plötzlich, noch bevor der Kolben den oT erreicht hat, ein riesiger Spitzendruck, der kräftig auf den Kolben "klopft", was von außen auch als recht lautstarkes Geräusch vernommen werden kann. Bis sich die Kurbelwelle dann endlich in der Position befindet, in der sie den Verbrennungsdruck nutzen könnte, hat das explodierte Gas seine Energie schon zum großen Teil in Form von Wärme an die Brennraumwände abgegeben und sie nur unnütz aufgeheizt. Folge: Die Motorleistung wird erheblich gesenkt und der gesamte Kurbelmechanismus obendrein über Gebühr belastet.

Nun ist die Frage, was man dagegen tun kann. Eine Möglichkeit, diesem Übel beizukommen wäre, die Temperatur, die im Zylinder herrscht, bevor der Kolben den oT erreicht hat, soweit zu senken, daß die Selbstentzündungstemperatur des Gases nicht erreicht wird. Dies könnte man z. B. durch einen späteren Zündzeitpunkt erreichen. Weil das aber die Leistung senkt, und deshalb wenig angebracht ist, muß also die Durchbrenngeschwindigkeit des Gases gesteigert werden!

Die Brennraumform

Und das funktioniert auf recht einfache Weise: Wenn die Turbulenzen im Brennraum zunehmen, dann brennt auch das Gemisch viel schneller durch, weil in der gleichen Zeiteinheit erheblich mehr Moleküle an der Kerze vorbeistreichen und sie sich ebenso untereinander viel häufiger berühren. Auf der anderen Seite müssen aber während des Ladevorgangs, also solange, bis alle Kanäle verschlossen sind, möglichst geordnete Strömungsverhältnisse herrschen, damit sich Alt- und Frischgas nicht vermischen. Ein "klopffreier" Brennraum ist deshalb so geformt, daß er am Ende des Kolbenhubes mit dem Kolbenboden eine Quetschspalte bildet, aus der dann das Gas herausgedrückt wird, unter starker Verwirbelung in die anderen Brennraumteile eindringt und so erst am Ende des Kolbenweges für kräftige Turbulenzen sorgt. Gleichzeitig wird auf diese Weise die Bildung von potentiellen Klopfgeistern in Form von Frischgasnestern verhindert.

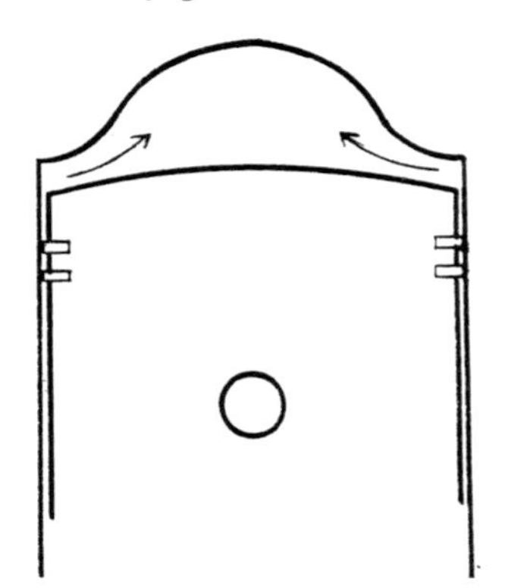

Hier ein solcher Brennraum im Querschnitt. Man sieht deutlich, wie der Kolben kurz vor dem oT beginnt, die "Quetschspalte" zu bilden, die hier aber noch ziemlich wenig ausgeprägt ist. Es gibt Brennräume, die tatsächlich eine echte, sehr schmale Spalte vorzuweisen haben, aus der dann das Gas richtig herausgepreßt wird.

Ist der Kolben dagegen erst am Anfang seines Verdichtungshubes, dann begünstigt seine kantenlose Form den Spülungsvorgang, indem sie Wirbelbildung gerade verhindert. Für einen reibungslosen Gaswechsel hat es sich übrigens auch als günstig erwiesen, das Hauptvolumen des Brennraums leicht in Richtung Auslaß zu verschieben.

Wer nun vorhat, eine Brennraumform nachzuarbeiten oder gar zu verändern, der soll sich bei der Konstruktion seines Brennraumes die besprochenen Grundsätze natürlich zu Herzen nehmen, muß aber auch wissen, daß er um Eigenversuche kaum herumkommen wird, weil die optimale Form eben doch von sehr vielen Faktoren abhängt - Zündzeitpunkt, Vergasereinstellung, Kerzenposition, Anordnung der Spülkanäle, usw. usw.. Von diesen Faktoren haben wir nur Einfluß auf die Vergaser- und Zündeinstellung - wir werden im Anschluß noch darauf eingehen. Außerdem wird man ohne Drehbank wahrscheinlich schwerlich auskommen.

Natürlich genügen für leichte Veränderungen auch Feile und Biegewelle, etwa dann, wenn nach einer Verdichtungserhöhung der Kolben auf einmal den Zylinderkopf berührt, aber eigentlich grenzt auch das schon an Gemurkse, ist aber nun einmal unvermeidbar. Es muß dann nur dringend darauf geachtet werden, daß keine strömungsungünstigen Kanten entstehen oder Riefen, an denen sich sonst sehr schnell Ölkohlerückstände festsetzen würden.

Der Vergaser

Wir haben schon zu Anfang dieses Kapitels gesehen, daß die Durchbrenngeschwindigkeit des Gasgemischs von großer Bedeutung für das Arbeitsverhalten des Motors ist: Ein viel zu schnell durchbrennendes Gemisch kann die Enegie nicht wirkungsvoll auf den Kolben übertragen und ein zu langsam brennendes Gemisch kommt überhaupt nicht erst dazu, die ihm steckende Energie in Arbeit umzuwandeln, bevor es ausströmt. Nun ist aber die Durchbrenngeschwindigkeit des Kraftstoff-Luft-Gemisches nicht konstant, sondern sie hängt neben vielen anderen Faktoren - z. B. Luftfeuchtigkeit - insbesondere von der Gemischzusammensetzung ab. Um die Gemischzusammensetzung irgendwie zahlenmäßig erfassen zu können, wurde die sogenannte Luftüberschußzahl lambda eingeführt. Der Wert lambda = 1 bezeichnet die Zusammensetzung, bei der das Gemisch gerade vollständig verbrennen kann. Bei einem derartigen Gemisch sind 14,5 Gewichtsteile Luft mit einem Gewichtsteil Kraftstoff gemischt. Ein fetteres Gemisch, also eines mit einem höheren Kraftstoffanteil, wird mit Werten unter 1 bezeichnet; ein mageres Gemisch - geringer Kraftstoffanteil - mit Werten über 1.

Der Aufbau des Vergasers

Um also die Durchbrenngeschwindigkeit immer konstant zu halten, müßte ein idealer Vergaser unter allen Umständen immer die gleiche Gemischzusammensetzung liefern, nämlich die, auf die alle anderen Teile des Motors eingestellt sind. Daß ein Vergaser diese Forderung aber niemals hundertprozentig erfüllen kann, wird schnell deutlich, wenn man sich seine Funktionsweise anschaut:

Die mit Kraftstoff anzureichernde Luft wird durch ein Rohr geleitet, in dem sie an einer Stelle eine Verengung zu passieren hat, in der sich die Strömungsgeschwindigkeit erhöht; dieser Effekt ist an jedem Fluß zu beobachten: An breiten Stellen fließt er nur sehr langsam, an schmalen dagegen erhöht sich die Geschwindigkeit ganz erheblich. Durch diese hohe Gasgeschwindigkeit entsteht in dem Rohr nun - erstaunlicherweise! - ein Unterdruck. Auch diese Erscheinung kann man an einem einfachen Experiment nachweisen: Wenn man ein Blatt Papier als flaches Halbrund gewölbt auf einen Tisch legt und durch den so entstandenen Kanal hindurchbläst, dann sollte man meinen, auf diese Weise das Papier anzuheben. In Wahrheit entsteht aber durch die hohe Strömungsgeschwindigkeit ein Unterdruck unter dem Papier, der es nach unten an den Tisch heranpreßt - umso stärker, je mehr man bläst. Der entstehende Unterdruck wächst also mit der Strömungsgeschwindigkeit; auch im Vergaser.

Somit hat auch die Strömunggeschwindigkeit an der Stelle im Vergaser, an der der Kraftstoff beigemischt wird, Einfluß auf die Gemischzusammensetzung. Diese Geschwindigkeit hängt nun zum einen ab von der Drehzahl, zum anderen von der Stellung des Drosselschiebers: Je geringer der Querschnitt an der Drosselstelle, desto höher die Strömungsgeschwindigkeit. Normalerweise würde so bei niedriger Stellung des Drosselschiebers das Gemisch überfettet. Um das zu verhindern, ist am Schieber eine konische Nadel, die Düsennadel, befestigt, die bei niedrigen und mittleren Schieberstellungen in die Nadeldüse hineinragt und so die Querschnittsfläche der Nadeldüse verengt; bei niedriger Schieberstellung mehr, bei höherer Stellung weniger. Durch die Form der Nadel und durch die Höhe, in der sie angebracht ist, kann mit ihrer Hilfe also die Gemischzusammensetzung bei mittleren Schieberöffnungen reguliert werden. Bei voller Vergaseröffnung dagegen hat sie keinen Einfluß mehr; in diesem Fall begrenzt nur die Hauptdüse die Kraftstoffmenge, die der Luft zugeführt wird. Bei sehr geringem Schieberhub endlich ist es weder Hauptdüse noch Düsennadel, die die Gemischzusammensetzung beinflußt, sondern die Form des Drosselschiebers. Bei fast jedem Vergaser findet sich aber auch gleichzeitig ein eigenes Leerlaufsystem mit eigener Düse und verschiedenen Einstellmöglichkeiten.

Die optimale Vergasergröße

Der Einfluß der Drehzahl auf die Strömungsgeschwindigkeit kann leider nicht auf so raffiniert-einfache Weise an die Erfordernisse einer gleichbleibenden Gemischzusammensetzung angepaßt werden. Allerdings reguliert er sich in gewissem Rahmen selbst, weil zu niedrigen Drehzahlen meist kleine Schieberhübe gehören, das eine die Strömungsgeschwindigkeit also senkt, das andere sie wieder steigert. Trotzdem ist klar, daß ein zu großer Vergaser mit kleinen Drehzahlen unvereinbar ist; der Motor würde sich dann bei jedem auch nur geringfügig unvorsichtigem Gasgeben "verschlucken", weil dann der Schieberhub für die noch zu geringe Drehzahl zu hoch würde. Wird der Vergaserquerschnitt noch größer, dann passiert es irgendwann, daß die Saugleistung des Motors überhaupt nicht mehr die notwendige Strömungsgeschwindigkeit aufbauen kann.

Wir wissen jetzt also, welche Größen hauptsächlich den Vergaserquerschnitt bestimmen: Drehzahl und Hubraum. Bei den Betrachtungen zum Einlaß-Schwingungssystem haben wir gesehen, daß eine große Querschnittsfläche der Ansaugleitung ohne Füllungsverschlechterung die Resonanzdrehzahl anhebt. Schwingungsmäßig gesehen am besten wäre also ein Riesen-Vergaser. Wie weit man nun tatsächlich gehen darf, das ist mehr oder weniger Erfahrungssache. Eine Faustformel, an der man sich ganz gut ausrichten kann, haben wir bereits bei den Einlaß-Schwingungsformeln gesehen: Nach ihr heißt es, man solle etwa 5 cm^2 Querschnittsfläche pro 100 ccm Hubraum verwenden (z. B. 18 mm bei 50 ccm), bei Renn- oder rennähnlichen Motoren könnte man auch etwa auf 6,5 cm^2/100 ccm gehen (20 mm bei 50 ccm). Weil diese Rechnung aber etwas umständlich zu handhaben ist, gibt es noch eine andere Methode, mit der man auch recht gut zum Ziel kommt, nämlich folgende Formel. Ihr liegt die gleiche Idee zugrunde, wie der ebigen Faustformel, nämlich daß die mögliche Vergaser-Querschnittsfläche linear mit der Drehzahl und dem Hubraum wächst, der Vergaserdurchmesser also mit der Wurzel aus dieser Fläche. Der Faktor k ist dann nur noch ein Erfahrungswert:

$$d = k \cdot \sqrt{Vh \cdot n}$$

Mit:
- d = Vergaserdurchmesser (mm)
- Vh = Hubvolumen des (einzelnen) Zylinders (in Litern!)
- n = zu erwartende Drehzahl der höchsten Leistung (1/min)
- k = 0,9...1 (für sehr hohe Literleistungen) oder
- = 0,7...0,8 (für geringere Literleistungen)

Mit Hilfe dieser Anhaltspunkte dürfte es immer recht gut gelingen, sich an gute Werte heranzupirschen. Um eine gute und ausführliche Einstellung des Vergasers kommt man aber natürlich nicht herum.

Die Einstellung des Vergasers

Eine falsche Einstellung von Vergaser und Zündung - beides bestimmt die Wirkung der Verbrenung und muß deshalb eigentlich immer in einem Atemzug genannt werden - eine falsche Einstellung also kann alle leistungssteigernden Maßnahmen wieder zunichte machen. Man sollte sie also keinesfalls auf die leichte Schulter nehmen; denn leicht ist sie gewiß nicht. Dem wird jeder zustimmen, der sich schon einmal damit herumgeplagt hat, herauszufinden, weshalb ein Motor nicht richtig läuft, an dem alles in bester Ordnung zu sein scheint und der dann als des Rätsels Lösung eine winzige Undichtigkeit gefunden hat, durch die Nebenluft angesaugt wurde, oder vielleicht eine verschwindend kleine Verschleißstelle am Ansatzpunkt einer Einstellschraube oder andere derartige Gemeinheiten.

Wer meint, solche pedantischen Feinheiten lächerlich finden zu müssen, befindet sich auf dem Holzweg. Freilich läuft irgendein Mofa auch noch unter abenteuerlichsten Bedingungen. Man soll es nicht für möglich halten, aber ein Mofa läuft unter Umständen sogar schneller, wenn der Vergaser so locker auf dem Ansaugstutzen sitzt, daß dort kräftig Nebenluft angesaugt wird. Die Erklärung dafür ist einfach: Wenn sich die Nebenluft mit dem vom Vergaser hergestellten Frischgas mischt, wird dem Motor ein größerer Vergaser vorgetäuscht; bei ausreichend dimensioniertem Ansaugkanal und etwas zu fett eingestelltem Vergaser reicht das dann schon. Ein nicht unbeträchtlicher Anteil an diesem Motoren-Paradoxon dürfte aber auch der Gemischabmagerung zukommen; durch die schnellere Verbrennung steigt die Motorleistung nämlich meistens - das dann allerdings auf Kosten der thermischen Belastung.

Je größer und je leistungsfähiger ein Motor aber wird, desto empfindlicher ist er auch. Bei Rennmotoren geht das so weit, daß je nach Temperatur, Luftfeuchtigkeit und -Druck die Düsenbestückung geändert werden muß. Und weil wir gekonnt edelbasteln wollen und unsere Kreationen den Rennmotoren weinigstens entfernt ähnlich sein sollen, müssen wir die Vergasereinstellung auch recht genau nehmen. Die falsche Vergasereinstellung ist nämlich bei fast allen von Amateuren "getunten" Motoren ein Grund dafür, daß sich außer Unzuverlässigkeit, hohem Verbrauch und dafür ziemlich bescheidener Leistung keine rechte Änderung einstellt.

Für das Mauerblümchen-Dasein der Vergasereinstellung ist sicherlich die Tatsache verantwortlich, daß man sich weder an Erfahrungswerten noch an Formeln ausrichten kann; es muß alles durch Versuch selbst bestimmt werden. Also eine langwierige Sache. Um nicht alles doppelt zu machen, ist es deshalb unbedingt notwendig, über die einzelnen Einstellungen und deren Ergebnis genau Buch zu führen. Das klingt zwar etwas spießig, es wäre aber schlimm, wenn man sich nach stundenlangem Herumprobieren entsinnt, daß der Motor bereits bei anderer Einstellung besser lief, man die Einstellung aber nicht mehr kennt.

Oberstes Gebot bei der Versuchsdurchführung ist dann, daß hundertprozentig reproduzierbare Originalbedingungen herrschen: Es muß der Luftfilterkasten mit der Einlage montiert sein, mit der der Motor anschließend betrieben wird, und es darf nirgendwo Nebenluft angesaugt werden, weil sich der Nebenluftanteil während des Betriebs laufend ändern würde und man sich die Einstellung gleich sparen könnte. Um die verschiedenen (notierten und reproduzierbaren) Einstellungen dann miteinander zu vergleichen, fährt man am besten immer dieselbe Strecke und beurteilt das Fahrverhalten dann subjektiv - den einzigen Fahrleistungswert, den wir bestimmen könnten, ist ja ohnehin nur die Höchstgeschwindigkeit. Nach einer längeren Fahrstrecke gibt dann auch das Aussehen der Zündkerze, das Kerzengesicht, Auskunft über die Einstellung: Bei guer Einstellung ist es mit einer gleichmäßig glatten rehbraunen Schicht überzogen. Bei zu magerer Einstellung verbrennt das Gemisch viel zu heiß und zu schnell; der Motorlauf wird daduch unruhig und ruppig, das Kerzengesicht ist weiß. Die zu magere Einstellung kann ausgesprochen gefährlich werden und eventuell zu dem früher anscheinend geradezu seuchenartig verbreiteten Loch im Kolben führen. Eine zu fette Einstellung ist weniger gefährlich, und wird auch leichter erkannt: Die Leistung läßt merklich nach, der Motor "viertaktet", schnurrt also nicht mehr schön gleichmäßig, sondern knattert unregelmäßig, weil das Gemisch eben nur noch jeden zweiten Arbeitstakt (daher viertakten) verbrennt; die Kerze ist entweder schwarz verrußt oder ölig. Sonstige Nachteile, die aufgrund schlechter Vergasereinstellung entstehen, wurden ja schon im Kapitel "Luftfilter" genannt. Im Zweifelsfall sollte man sich zwar immer eher zu einer fetteren Einstellung entscheiden, weil sie für den Motor schonender und ungefährlicher ist - für die Umwelt ist sie allerdings alles andere als das. Es entsteht dann nämlich bevorzugt das hochgiftige Kohlenmonoxid.

Um den Vergaser, eigentlich: die Gemischzusammensetzung, einzustellen, muß man sich zuerst darüber im klaren sein, für welchen Bereich der Stellung des Drosselschiebers man die Einstellung verändern möchte. Das Leerlaufsystem hat Einfluß etwa auf das erste Drittel des Schieberhubes, also bei weitem nicht nur auf den Leerlaufbereich, sondern auch auf den unteren Teillastbereich. (Teillastbereich ist der Bereich, in dem der Motor nicht die volle Leistung abgibt, sondern eben nur einen Teil; also der Bereich, in dem der Gasgriff teilweise geöffnet ist.) Einstellen kann man an dem Leerlaufsystem meist zwei Dinge: Nämlich die Leerlaufdrehzahl und die Gemischzusammensetzung. Normalerweise wird die Drehzahl eingestellt, indem durch eine Schraube ein unterer Anschlag für die niedrigste Drosselschieberstellung festgelegt wird. Das ist einfach - wenn es trotzdem zu Problemen kommt, muß man sich die Stelle am Schieber ansehen, an der er die Schraube berührt: Schon kleiner Verschleiß im Zehntelmillimeter-Bereich kann hier die richtige Einstellung unmöglich machen. Das Leerlaufgemisch wird eingestellt, indem man mittels der dafür vorgesehenen Schraube die Luftzufuhr reguliert, mit der der Kraftstoff im Leerlaufsystem angereichert wird. Weil es dafür aber verschiedene Möglichkeiten gibt, sollte man einen Blick in die Bedienungsanleitung werfen. Falls alle eben aufgezählten Methoden immer noch keinen Erfolg zeigen, kann man nur noch zum letzten Mittel greifen: Das ist eine andere Leerlaufdüse. Allerdings kann man fast immer davon ausgehen, daß, wenn die "sanften" Methoden nicht das gewünschte Resultat haben, irgendetwas anderes nicht stimmt. Weil aber eine Düse zum Glück recht billig ist, kann ein Versuch immerhin nicht viel schaden.

Zur Beeinflussung der Gemischzusammensetzung im Teillastbereich, etwa im zweiten Drittel des Drosselshieber-Hubs, ist wie gesagt die Nadeldüse vorgesehen. Sie besitzt auf ihrer oberen, dickeren Seite einige Kerben, mit deren Hilfe sie höher oder niedriger in den Schieber gehängt werden kann. Höhere Position bedeutet dabei fetteres Gemisch, niedrigere Position magereres. Aber leider ist es mit den Kerben nicht allzuweit her; sie sind meist viel zu weit voneinander entfernt, als daß eine genaue Einstellung überhaupt möglich wäre. Wenn die Position nur um eine Stufe verändert wird, ist die Gemischzusammensetzung oftmals schon derartig anders, daß der Motor nur noch aus dem letzten Loch pfeift. Ideal wäre es in solchen Fällen, wenn man eine besser geformte Nadel auftreiben oder basteln könnte.

Im obersten Drittel des Schieberhubes - Voll-Last - wird die Gemischzusammensetzung durch die Hauptdüse bestimmt. Sie auszuwechseln ist einfach, teuer sind die Düsen auch nicht, bei Bedarf sollte man sie also der Reihe nach durchprobieren. Bei der Bewertung einer bestimmten Düse im Fahrversuch ist aber etwas Vorsicht am Platz: Bei zu magerer Einstellung bringt der Motor fast immer eine höhere Leistung und erweckt damit subjektiv den Eindruck, sehr gut zu laufen - bei gleichzeitig angenehm niedrigem Verbrauch übrigens. Leider kann es aber, wie schon gesagt, bei dieser Gelegenheit zu schweren Motorschäden kommen. Eine Möglichkeit ergibt sich allerdings, mit sehr magerem Gemisch zu fahren: Indem nämlich "Super-" Kraftstoff getankt wird. Er nimmt nämlich beim Verdampfen im Brennraum eine größere Wärmemenge auf und ist auch weniger klopfanfällig. Allerdings hört man Gerüchte, denen zufolge die im Super-Benzin enthaltenen Additive (Zusätze, die von den Mineralölgesellschaften beigemischt werden, um die Kraftstoffeigenschaften zu verbessern) gelegentlich Dichtungen angreifen sollen und sogar den Schmierfilm zwischen Kolben und Zylinder zerstören können. Es ist möglich, daß dies für Motoren älterer Bauart zutrifft; bei modernen Materialien und Schmiermitteln ist diese Gefahr aber bestimmt nicht sonderlich groß.

Die Größe der Düsen wird übrigens mit dem Durchmesser der Düsenbohrung in hundertstel Millimetern bezeichnet. Weil der Durchlaß einer Düse aber nicht nur durch die Düsenbohrung, sondern auch noch durch die Länge der Düse und den Radius der Kanten bestimmt wird und diese sehr empfindlich sind, muß man aufpassen, daß hier nicht unerwünschte Änderungen eintreten. Wenn zum Beispiel zwecks Reinigung mit einem Draht in der Düse herumgestochert wird, kann sich deren Durchlaß schon genügend stark ändern, daß die mühsam hergestellte Vergasereinstellung zerstört wird. Deshalb gleich ein Tip, wie man die Düse richtig reinigt: Man saugt mit dem Mund die Verunreinigungen aus ihr heraus - Durchblasen ist falsch, weil sie dann eventuell durch Spucke verstopft wird.

Und weil Spucke durchsichtig ist, erkennt man das noch nicht einmal. Nur wenn sich ganz hartnäckige Fremdkörper in der Bohrung festgesetzt haben, die durch Saugen nicht zu beseitigen sind, kann man sich mit einem dünnen Drähtchen aus einer Kupferlitze behelfen; zum Beispiel von der Spielzeugeisenbahn.

An dieser Empfindlichkeit der Düse zeigt sich noch einmal deutlich, wie schwierig und aufwendig Vergasereinstellungen sind. Die Fehler, die das Laufverhalten des Motors beeinträchtigen, können manchmal so geringfügig aussehen, daß man sie überhaupt nicht erkennt: Wenn man sich die ganze Zeit über zu fettes Gemisch ärgert, sollte man sich einmal die Aufhängung des Vergasers ansehen; wenn die Motorvibrationen ungedämpft auf den Vergaser übertragen werden, kann es sein, daß das Schwimmerventil nicht richtig schließt, und so die Schwimmerkammer laufend überflutet wird. Deshalb sollten Vergaser nur über elastische Gummiteile mit Motor und Rahmen verbunden sein; als kleinen Nebeneffekt hält diese Verbindung auch gleichzeitig schädliche Motorenwärme ab. Ein anderer Grund für ständig falsche Gemischeinstellung kann auch sein, daß man bei abgenommener Schwimmerkammer versehentlich die Schwimmeraufhängung verbogen hat.

Die Zündung

Über die verschiedenen Zündsysteme gäbe es eigentlich ein Unmenge zu sagen; für Leistungssteigerungen an Serienmotoren ist das aber nur von untergeordneter Bedeutung, weil man die vom Hersteller vorgegebene Zündanlage sowieso nur mit erheblichem Aufwand umrüsten könnte - ein Aufwand, der sich kaum lohnen würde. Die einzige Ausnahme bildet die elektronische, kontaktlose Zündung. Bei Motoren mit normalen Hubraumleistungen hat sie zwar auch nur geringe Vorteile: Sie ist vollkommen verschleißfrei, es müssen also keine Unterbrecherkontakte mehr gewechselt werden und die Wartungsintervalle liegen bei -zig tausend Kilometern, was sehr angenehm ist - von den großen Leistungssteigerungen und der Kraftstoffeinsparung, wovon oft gemunkelt wird, ist dagegen meist nichts zu entdecken.

Das ändert sich aber bei hohen Drehzahlen. Unterbrechergesteuerte Zündungen kommen dann nämlich in erhebliche Schwierigkeiten: Die Massenträgheit des Unterbrecherkontaktes macht sich zunehmend bemerkbar und es setzt eine Art "Kontaktflattern" ein, das heißt, der Unterbrecherkontakt löst sich vom Nocken und verändert somit eigenmächtig die Lage des Zündzeitpunktes. Das passiert natürlich besonders dann, wenn er eigentlich nicht für hohe Drehzahlen ausgelegt ist; neben der gestörten Funktionstüchtigkeit ist dann auch der Verschleiß entsprechend. Aber auch ganz generell sind Unterbrecher-Zündungen für hohe Drehzahlen nicht besonders gut geeignet; es ist sozusagen systembedingt, daß dann die Zündspannung stark abfällt - was aber eigentlich gerade nicht sein dürfte, weil besonders bei hohen Drehzahlen und starken Gasturbulenzen der Zündfunke möglichst kräftig sein müßte.

Das ist die große Chance für die kontaktlose Zündung: Weil sie ohne träge Massen arbeitet, erzeugt sie bei hohen Drehzahlen die gleiche Zündspannung wie bei niedrigen. Dadurch brennt das Gemisch dann schneller durch, es wird eine geringere Vorzündung möglich und auf diese Weise eine kleinere Wärmemenge ungenutzt an den Zylinder abgegeben. Das bringt gleich zwei Vorteile: Zum einen wird die Verbrennungswärme besser genutzt und zum anderen wird die Brennraumtemperatur niedriger und damit eine magerere Vergasereinstellung möglich, die ja die Leistung anhebt und den Verbrauch senkt - aber leider durch die Gefahr einer zu hohen Kerzentemperatur begrenzt ist. Der nachträgliche Einbau einer kontaktlosen Zündanlage kann also durchaus von Vorteil sein. Wer sich dafür interessiert, sollte sich auf dem Zubehörmarkt umsehen - etwas Ahnung von Elektronik sollte man allerdings haben, sonst kann der Einbau leicht ein Flop werden. Ganz findige Bastler, die viel Ahnung von Elektronik haben, können sich eine derartige Anlage auch selbst bauen, es gibt verschiedenen Baupläne und Bausätze (in Elektronik-Geschäften), die Kosten bewegen sich dann etwa im Bereich von DM 70,-.

Der Zündzeitpunkt

Wir haben uns bisher so ausgiebig um die Verbrennung gekümmert, daß wir schon fast aus den Augen verloren haben, wozu überhaupt irgendetwas verbrannt wird. Ziel ist es doch, die Kurbelwelle in Drehung zu versetzen, und das geschieht, indem auf den Kolben ein Druck ausgeübt wird. Und da dieser Druck nur zwischen dem oberen Totpunkt und dem Öffnen des Auslasses wirken kann, ist es eigentlich das Ziel, zwischen diesen beiden Stellen einen anhaltenden Druck zu erzeugen. Etwas veranschaulichend, aber eigentlich nicht ganz korrekt, könnte man sagen: Die Fläche unter der Kurve des "Druckverlaufes abgetragen über den Kurbelwinkel" muß nach dem oT möglichst groß sein; nicht korrekt an dieser Darstellung ist, daß der Wirkungsgrad des Kurbeltriebs nicht berücksichtigt wird und ebenso nicht der Energieverlust des Gases durch Abkühlung, also Energieabgabe an die Zylinderwand. In Wahrheit sind die beiden Forderungen, hoher Spitzendruck und große Fläche unter der Kurve, aber fast gleichwertig, weil die Fläche ja annähernd proportional zu ihrer Höhe, also dem Spitzendruck, wächst.

Das erklärt auch, weshalb der Zündzeitpunkt vor dem oberen Totpunkt liegt. Bisher wurde einfach immer nur lapidar erklärt, der Grund dafür liege in der Durchbrenngeschwindigkeit des Gemischs. Diese Erklärung kann aber keinesfalls ausreichen, wenn man sich überlegt, daß ein Druck auf den Kolben vor dem oT die Kurbelwelle ja bremst und daß erst bei einer Kurbelwellenstellung von etwa 80° nach oT die Kraft auf den Kolben optimal in die Drehbewegung umgewandelt wird - nämlich dann, wenn das Pleuel senkrecht zur Strecke zwischen Hubzapfen und Kurbelwellendrehpunkt steht. So gesehen wäre es nämlich sogar wünschenswert, daß der Maximaldruck erst lange nach dem oberen Totpunkt auftritt, weil dort schließlich der Wirkungsgrad des Kurbeltriebs viel größer ist.

Des Rätsels Lösung ist aber sehr einfach: Ein Gas steht unter umso höherem Druck, je kleiner der Raum ist, in dem es sich aufhält. Zur Veranschaulichung: Wenn man eine Fahrradpumpe zusammendrückt, steigt der Druck in ihr. Weil der (Gas-) Raum in dem Zylinder eines Motors genauso wie in der Fahrradpumpe aber umso kleiner ist, je näher der Kolben dem oT steht, ist bei gleicher Gastemperatur der Druck bei Kolbenstellung oT immer am größten. Mit anderen Worten: Würde der höchste Punkt der Verbrennungstemperatur erst weit von dem oT entfernt auftreten, dann wäre der so erzeugte Spitzendruck erheblich geringer - und die dann verringerte Kraft auf den Kolben könnte auch durch den besseren Wirkungsgrad des Kurbeltriebs nicht ausgeglichen werden.

Die Erklärung für die Vorzündung lautet also vollständig: Eine große pro Arbeitstakt abgegeben Arbeit erfordert einen hohen Spitzendruck, der ist aber nur nahe am oT möglich und weil das Gemisch einige Zeit benötigt, um durchzubrennen, muß deshalb bereits vor dem oT gezündet werden, damit die maximale Temperatur noch rechtzeitig eintritt. Mit diesem Wissen kann man sich nun leicht herleiten, was bei falsch eingestellter Zündung passiert: Liegt der Zündzeitpunkt zu spät, nimmt der Maximaldruck ab und mit ihm die Leistung. Liegt er dagegen zu früh, dann wird es gefährlich; weil der Druck bei gleicher Verbrennungstemperatur ja immer höher wird, je näher der Kolben dem oT steht, kann der Spitzendruck bei zu frühem Zündzeitpunkt so hoch werden, daß er den Motor einfach auseinanderreißt. Aber auch wenn das nicht passsiert, sinkt zumindest die Leistung, weil auch der höchste Druck nichts ausrichten kann, wenn der Wirkungsgrad des Kurbeltriebs Null ist - und in der Kolbenstellung oT ist er das.

Wo aber liegt nun der richtige Zündzeitpunkt? Das entzieht sich leider einer Berechnung und muß deshalb, ebenso wie die Vergasereinstellung, durch Versuche herausgefunden werden. Man kann sich lediglich überlegen, daß die Lage des Zündzeitpunktes im wesentlichen durch zwei Faktoren bestimmt wird. Nämlich durch die Drehzahl und durch die Brenngeschwindigkeit. Wenn die Brenngeschwindigkeit unverändert bleibt, die Kolbengeschwindigkeit aber steigt, muß der Zündfunke natürlich früher überspringen, damit der Maximaldruck in der gleichen Kolbenposition auftritt. Allerdings nimmt mit der Kolbengeschwindigkeit, also der Drehzahl, auch gleichzeitig die Verquirrlung des Gemisches zu, und damit die Durchbrenngeschwindigkeit, so daß hohe Drehzahlen also spätere Zündzeitpunkte benötigen, als eigentlich zu erwarten wäre. Ebenfalls der stärkeren Verquirrlung wegen ist bei größerer Verdichtung ein späterer Zündzeitpunkt nötig.

Die Durchbrenngeschwindigkeit hängt aber nicht nur von den Turbulenzen ab, sondern auch von der Gemischzusammensetzung; je fetter, desto langsamer, also leicht zu merken. Der Zündzeitpunkt muß folglich bei magerem Gemisch später und bei fettem Gemisch früher liegen. Weil nun beides, Vergaser- und Zündungseinstellung nicht nur durch Versuch bestimmt werden müssen, sondern zu allem Überfluß auch noch voneinander abhängen, kann man sich leicht ausmalen, was es für eine Arbeit bedeutet, die vielen Kombinationsmöglichkeiten durchzuprobieren. Will man aber wirklich saubere Arbeit leisten, wird man sich schwerlich darum herum drücken können. Vielleicht wird jetzt noch dem ein oder anderen nachträglich klar, weshalb die Schwingungsformeln für die Ansaug- und Auspuffschwingung eine prima Sache sind! Für die Durchführung der Versuche gilt übrigens wieder das gleiche, wie beim Vergaser; die einzelnen Einstellungen werden mittels Kerzengesicht und Fahrversuch bewertet.

Das Einstellen der Zündung

Auf die handwerkliche Ausführung der Zündungseinstellung soll hier weniger ausführlich eingegangen werden, weil sie bei verschiedenen Motoren recht unterschiedlich sein kann und außerdem in jeder besseren Bedienungsanleitung nachzulesen ist. Aber einige grundsätzliche Dinge sollten doch noch geklärt werden, auch, um das Verständnis jener Bedienungsanleitungen zu erleichtern - Besitzer diverser Motoren fernöstlicher Herkunft werden das zu schätzen wissen.

Es geht darum, zu beschreiben, wo genau der Zündpunkt liegt. Dafür gibt es zwei Möglichkeiten, die uns aber im Prinzip schon längst bekannt sind. Bei unterbrechergesteuerten Zündanlagen wird der Zündfunke erzeugt, indem ein Stromkreis unterbrochen wird (der "Primärstromkreis"), wodurch ein Magnetfeld zusammenbricht und beim Zusammenbrechen eine elektrische Spannung in der "Sekundärspule" erzeugt - schon ganz zu Beginn haben wir ja bereits gesehen, daß auch in herunterfallenden Zementsäcken Energie steckt; bei einem Magnetfeld ist das ähnlich. Jedenfalls entsteht auf diese Weise der Zündfunke in genau dem Augenblick, in dem der Zündunterbrecher gerade öffnet. Wenn es nun darum geht, zu beschreiben, wo sich der Zündzeitpunkt befindet, muß also gemessen werden, wo der Kolben steht, wenn der Unterbrecher öffnet.

Dafür gibt es die bekannten zwei Möglichkeiten: Entweder wird die Entfernung vom oberen Totpunkt gemessen, was mit der Schublehre eine einfache Sache ist. Der Zündpunkt wird für diese Meßmethode in Millimetern Kolbenweg vor oT angegeben. Oder die Kolbenstellung wird indirekt über die Stellung der Kurbelwelle angegeben, und zwar in °Kurbelwinkel, was mittels Winkelgradscheibe zu meistern ist - beides wurde ja bereits ausführlich im Kapitel "Steuerwinkel" beschrieben. Analog zu den Steuerwinkeln erklärt sich dann auch der Begriff Zündwinkel; das ist einfach der Winkel, um den sich die Kurbelwelle zwischen Zündpunkt und oberer Totpunktstellung dreht. Um die Zündung nach einem vorgegebenen Wert einzustellen, braucht die Kurbelwelle also nur solange in Drehrichtung gedreht zu werden, bis die entsprechende Kolbenstellung erreicht ist; genau dann muß auch der Unterbrecher öffnen. Weil das Öffnen mit bloßem Auge meist nicht zu erkennen ist, schiebt man am besten das dünnste Blättchen der Fühlerlehre (in Ermangelung einer Fühlerlehre tut´s auch die Staniolfolie einer Zigarettenschachtel) zwischen die Kontakte; wenn der Unterbrecher zu öffnen beginnt, kann man sie dann herausziehen, vorher dagegen ist sie fest eingeklemmt.

Abschließend noch eine Begriffserklärung: Wenn man über die Zündungseinstellung spricht oder liest, stößt man häufig auf die Formulierung, der Zündwinkel solle "zurückgenommen" werden. Dieses "zurück" erweckt leicht den Eindruck, als sei eine Verschiebung des Zündpunktes entgegen der Kurbelwellen-Drehrichtung gemeint. In Wirklichkeit soll aber ausgesagt werden, die Vorzündung solle zurückgenommen, also verringert, werden. Zurücknehmen der Vorzündung bedeutet aber späteren Zündzeitpunkt.

Die Zündkerze

Die Zündkerze in einem Zweitakter steht vor einem großen Problem: Sie ist nämlich einer argen Verschmutzung durch Öl ausgesetzt, das ja dem Kraftstoff gleich beigemengt wird und deshalb einen leichten Weg zur Kerze hat. Eine verschmutzte Kerze kann aber keinen Funken mehr erzeugen, weil die an den Kerzenelektroden anliegende Zündspannung dann lieber über die "Dreckverbindung" kriecht, als in Form eines Funkens überzuspringen. Weil es sich aber nicht vermeiden läßt, daß Öl auf die Kerze gelangt, muß es dann wenigstens wieder beseitigt werden. Das wird erreicht, indem man es dort einfach verbrennen läßt; die Zündkerze muß dafür aber eine recht hohe Temperatur haben.

Andererseits darf die Kerzentemperatur aber auch nicht zu hoch sein, sonst passiert es, daß sich das Gemisch allein aufgrund dieser hohen Temeratur entzündet, also ohne Zündfunke. Es geschieht dann etwas sehr ähnliches wie beim Klopfen oder bei zu früh eingestellter Zündung: Der Spitzendruck wird unverantwortlich groß und die Temperatur im Brennraum nimmt riesige Werte an, wodurch der Motor innerhalb kürzester Zeit zerstört würde. Daß diese Gefahr nicht einfach wegzuleugnen ist, sieht man daran, daß früher derartige "Glühzündungen" tatsächlich am laufenden Band Löcher in die Kolbenböden gebrannt haben.

Die Kerzentemperatur muß sich also während des Betriebs in einem verhältnismäßig schmalen Bereich bewegen, etwa zwischen 550 °C, weil bei dieser Temperatur das Öl beginnt zu verbrennen, und 850 °C, das ist die Selbstentzündungstemperatur des Gemischs; wobei die Randwerte dieses Bereichs natürlich gemieden werden müssen, besonders der obere. Die Temperaturbelastung, die auf die Kerze einwirkt, ist nun aber sehr verschieden, je nach dem, mit welchen Drücken und Temperaturen der Motor arbeitet, in dem die Kerze eingesetzt wird. In Motoren mit hohen Leistungen ist die Kerze also einer stärkeren Erwärmung ausgesetzt, als bei schwachen Motoren, muß aber trotzdem die gleiche Temperatur aufweisen. Deshalb gibt es sehr unterschiedliche Kerzenbauweisen, so daß einige Kerzen unter gleichen Betriebsbedingungen wesentlich kühler bleiben als andere. Der Wärmewert ist ein Maß dafür, wie sehr eine Kerze hohen Temperaturen "standhält"; je höher der Wärmewert, desto kühler bleibt also die Kerze. Es gibt allerdings keine einheitliche Skala für den Wärmewert, sondern jeder Hersteller hat seine eigenen Bezeichnungen; deshalb können verschiedene Kerzenfabrikate auch nicht unbedingt untereinander verglichen werden, zumal auch noch eine

Menge anderer Faktoren von Bedeutug sind, als nur der Wärmewert. So sind beispielsweise die heutigen Zündkerzen fast durchweg sogenannte Breitbandkerzen, die sich auch unter sehr unterschiedlichen Betriebsbedingungen auf eine annähernd gleiche Temperatur einregulieren - übrigens ein Grund dafür, daß die Sparbüchsen-Kolben so selten geworden sind, ebenso wie die früher laufend nervenden Fäden zwischen den Elektroden.

Leider kann auch die optimale Kerze wieder einmal nur durch Versuch bestimmt werden - was umso schlimmer ist, als sie auch noch von unseren beiden besonderen Pappenheimern abhängt, der Vergaser- und der Zündeinstellung nämlich, was die Anzahl der möglichen Einstellungen nochmals potenziert. Wer sich als ungeduldigen Menschen kennt, der sollte sich spätestens jetzt nochmals überlegen, ob er sich da heranwagen möchte. Wenn man erst einmal angefangen hat, gibt es nämlich kein Zurück mehr; die serienmäßige Einstellung ist unwiederbringlich dahin. Als Gedächtnisstütze für diejenigen, die sich trauen, ist die folgende Tabelle gedacht. Noch ein Tip, der aber eigentlich auf der Hand liegt: Weil bei leistungsgesteigerten Motoren der Mitteldruck unweigerlich zunimmt, und die Verbrennungstemperatur mit dem Druck wächst, sollte man seine Versuche gleich mit einem wesentlich höheren Wärmewert beginnen, als serienmäßig vorgesehen war; außerdem sind verölte Kerzen immer noch besser als Löcher im Kolben.

Veröltes oder schwarzes Kerzengesicht:

Mögliche Ursache:	zu hoher Wärmewert der Zündkerze
	zu später Zündzeitpunkt
	zu fette Vergasereinstellung
	niedriger Luftdruck (Bergfahrt)
Entstehende Nachteile:	niedrige Leistung
	hoher Verbrauch
	Unzuverlässigkeit, viele Verbrennungsrückstände
	hoher Schadstoffanteil in den Abgasen (CO)

Weißes oder verbranntes Kerzengesicht:

Mögliche Ursache:	zu niedriger Wärmewert der Kerze
	zu früher Zündzeitpunkt
	zu magere Vergasereinstellung
	ungewöhnliche Höchstbelastung (Dauervollgas)
Entstehende Nachteile:	hoher Verschleiß (thermische und mechanische Belastung)
	ruppiger Motorlauf
	große Gefahr (Kolbenfresser, Loch im Kolben)

Rehbraune Kerze:	Alles in Ordnung!

SONSTIGES

Bisher wurden nur solche Motoren betrachtet, deren Gaswechsel ausschließlich durch den Arbeitskolben gesteuert wird. Es sind aber bereits seit den Anfängen der Zweitaktgeschichte auch andere Verfahren bekannt, die einige Nachteile der Kolbensteuerung beseitigen und die deshalb in letzter Zeit wieder an Bedeutung gewonnen haben, besonders weil die Japaner Verkomplizierungen aller Art sehr aufgeschlossen gegenüberstehen; wir sollten darüber aber nicht vergessen, daß nicht zuletzt gerade die raffinierte Einfachheit das Zweitaktprinzip so faszinierend macht. An einem Viertakter zum Beispiel hätte man als Amateur keine Chance für Tuning-Maßnahmen. Leider kommen aber an modernen Zweitaktmotoren die verschiedenen Verfahren zur Gaswechselsteuerung und zur Veränderung der Steuerzeiten vom Aufwand her einem Viertakter schon bedenklich nahe; während das bei teuren und professionellen Rennmotoren noch eine aufregende und feine Sache sein kann, werden derartige Dinge für uns weitgehend unbrauchbar, weil wir uns ja nicht nur mit der Theorie zufrieden geben, sondern unser Wissen auch in die Tat umsetzen wollen, was aber eben bei zu aufwendiger Technik nicht mehr machbar ist. Deshalb soll hier nur das Prinzip der Membransteuerung gestreift werden, Veränderungsmaßnahmen müssen wir uns leider weitgehend verkneifen.

Membransteuerung

Die reine Kolbensteuerung ermöglicht nur völlig symmetrische Öffnungsdiagramme, da der Kolben den Schlitz jeweils bei der Hin-Bewegung in genau der gleichen Höhe freigibt, in der er ihn bei der Rück-Bewegung wieder verschließt. Deshalb kann ein Zweitakter nur dann richtig arbeiten, wenn es gelingt, die Gasschwingung auf die Kolbenbewegung abzustimmen; trotzdem passiert es auch bei optimaler Abstimmung - wie wir ja bereits wissen -, daß das Gas unter bestimmten Bedingungen wieder aus dem Einlaß ausströmt. Um das zu verhindern, ist die Idee naheliegend, eine Art Ventil zu konstruieren, das das Gas in nur einer Richtung passieren läßt. Auf diese Weise könnte sowohl jeder Unterdruck im Kurbelraum, als auch jede in der Gassäule steckende kinetische Energie in Kurbelhausladung umgesetzt werden. Obwohl also dadurch auch der Resonanzeffekt mit genutzt würde, wäre der ihm eigene Nachteil ausgeschaltet, nämlich daß sich die Kurbelhausfüllung unterhalb der Resonanzdrehzahl drastisch verschlechtert.

Aus dieser Überlegung heraus besitzen einige Motoren Schnüffelventile (diese Bezeichnung ist übrigens durchaus seriös), die den Gasstrom nur in einer Richtung passieren lassen. Sie bestehen aus dünnen Federstahl- oder Kunststoffplättchen, die sich schon durch sehr geringen Druck verbiegen lassen und dadurch dem Gasstrom in der einen Richtung ausweichen, in der anderen aber den Weg versperren. Der etwas unpassende, aber bekanntere Name Membranventil erklärt sich daraus, daß diese Plättchen ähnlich der Membran in einem Barometer Druckunterschiede "erschnüffeln".

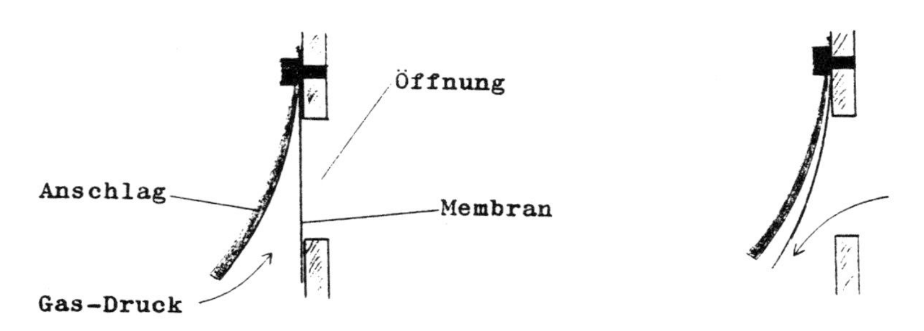

Obwohl ein optimal funktionierendes Schnüffelventil tatsächlich eine großartige Sache wäre, haben die Membranventile einige erhebliche Nachteile. Es beginnt damit, daß bei hohen Drehzahlen eine gewisse Bruchgefahr für die Lamellen besteht. Die heutzutage meist verwendeten Kunststoffe reduzieren diese Gefahr, bzw. das Ausmaß der Folgen allerdings auf ein Minimum. Ein erheblich schwerwiegenderer Nachteil der Membran liegt in dem großen Widerstand, den sie dem Gasstrom entgegensetzt, indem sie seine Richtung scharf abknickt. Um diesen Richtungswechsel wenigstens halbwegs sanft zu gestalten, werden die Membranen meist dachförmig, das heißt im spitzen Winkel zur Strömungsrichtung, angeordnet.

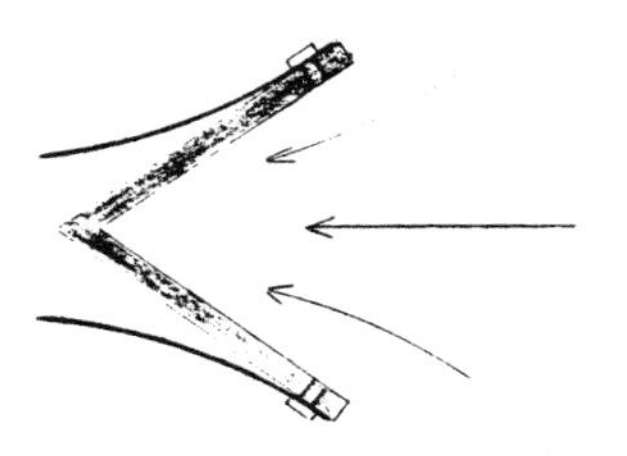

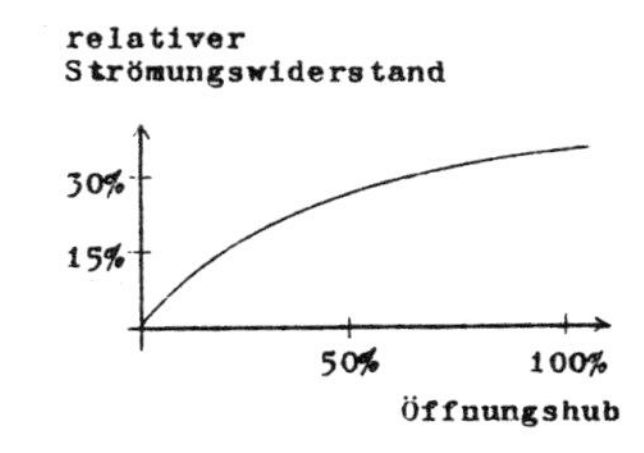

Der größte Fehler der Membranventile besteht aber darin, daß sie sich in Wirklichkeit überhaupt nicht so verhalten, wie man es sich theoretisch wünschen würde. Trotz der geringen Dicke der Membran wird nämlich ein merklicher Unterdruck benötigt, um das Blättchen von seinem Sitz abzuheben. Ist der Unterdruck im Kurbelraum zu niedrig, wird das Ventil nur langsam auf geringen Querschnitt geöffnet und behindert so die Strömung, anstatt wie geplant schon kleinste Druckunterschiede in Kurbelhausfüllung umzuwandeln. Damit das Membranventil auch in der Realität richtig arbeiten kann, ist es deshalb notwendig, den Zugang zum Kurbelgehäuse - den Einlaßschlitz - erst einige Zeit durch dem Kolben verschlossen zu halten, bis ein genügend großer Unterdruck entstanden ist, der dann das Ventil ruckartig auf ganzen Hub aufreißt und dadurch den Gaswechsel gegenüber der "normalen" Membransteuerung erheblich verbessert; einerseits des größeren Öffnungshubes wegen, andererseits wegen der kürzeren Zeit, die das Blättchen benötigt, um aus der Ruhelage auf den vollen Öffnungshub auszuschwenken; eine Einflußgröße, die gerade bei hohen Drehzahlen an Bedeutung gewinnt.

Aber nicht genug damit, daß die Membranen störrisch sind und sich nicht ohne weiteres verbiegen lassen, durch ihre Masse sind sie auch noch träge. Wie sich die Membran in der Realität wirklich verhält, ist bis jetzt zwar noch nicht hundertprozentig geklärt, es ist aber anzunehmen, daß sie durch ihre Massenträgheit bei zunehmenden Drehzahlen in eine mehr und mehr unkontrollierte Flatterbewegung verfällt, weil sie durch das vehemente Aufreißen zu Einlaßbeginn erst gegen den Anschlag stößt, von dort wieder zurückprallt, anschließend vom Gasstrom wieder geöffnet wird usw., eine Bewegung, die pro Einlaßperiode mehrfach ausgeführt wird, wodurch der mittlere Öffnungshub erheblilch geringer wird als der maximale Hub. Der Durchlaß muß deshalb eher recht großzügig ausgelegt werden..

Außerdem ist zu beachten, daß durch die Zeit, die die Membran aus ihrer Pendelbewegung heraus zum Schließen benötigt, den effektiven Öffnungswinkel gegenüber dem theoretischen vergrößert. Allerdings ergibt sich gewissermaßen als Abfallprodukt aus dieser Eigenschaft auch ein Vorteil. Dadurch nämlich, daß die Membranen bei hohen Drehzahlen im Verhältnis zur Kurbelwellengeschwindigkeit immer träger und langsamer schließen, verändert sich das Steuerdiagramm, genauer gesagt - der Steuerwinkel wird länger -, so daß noch die gesamte Nachladung der bewegten Gassäule gut wirken kann. Lange Steuerwinkel sind ja für hohe

Drehzahlen günstig. Leider ist die Wirkung dieses Vorteils aber auch begrenzt - ab irgendeiner Drehzahl gerät die Pendelbewegung nämlich derartig außer Kontrolle, daß die Gaswechselsteuerung doch wieder praktisch nur durch den Kolben übernommen werden muß - die Membranen flattern dann nur noch wie Fähnchen im Wind und behindern den Gasstrom; deshalb ist der auch gelegentlich verwendete Name "Flatterventil" sehr treffend.

Nimmt man alle bisher gewonnenen Erkenntnisse zusammen, läßt sich sagen, daß diese Art der Gaswechselsteuerung vor allen Dingen im mittleren und unteren Drehzahlbereich die Füllung wesentlich verbessern kann, dafür aber bei sehr hochtourigen Motoren (spätestens ab 9000 1/min) an ihre Grenzen stößt. Deshalb wird sie vorzugsweise bei Motoren eingesetzt, die Durchzugskraft benötigen, wie z. B. in Geländesportmotorrädern.

Für nachträgliche Veränderungen ist sie allerdings - wie eingangs ja bereits erwähnt - weniger gut geeignet. Unter Berücksichtigung der genannten Konstruktionsmerkmale kann der Öffnungswinkel geringfügig verlängert werden (am Kolbenhemd), bei einem vergrößerten Vergaser kann es notwendig werden, den Durchlaß zu erweitern, was aber vermutlich sehr schwierig, wenn nicht gar unmöglich sein wird. Weiterhin ist zu beachten, daß bei membrangesteuerten Motoren der Einlaßkanal als weiterer Überströmkanal ausgelegt ist (z. B. bei Yamaha), so daß das Frischgas teilweise sogar direkt durch den Einlaß in den Zylinder gelangt. Bei manchem Motor, der serienmäßig nicht mit Membranen ausgestattet ist, kann vielleicht der Versuch unternommen werden, diese nachträglich einzubauen. Man kann Membranen oftmals schon sehr billig beschaffen, da sie in vielen Gebrauchszweitaktern verwendet werden, z. B. in Rasenmäher- und Bootsmotoren.

Kühlung

Die Kühlung gehört leider ebenfalls zu den Dingen, auf die wir nur sehr bedingt Einfluß nehmen können. Trotzdem sollten wir sie nicht aus den Augen verlieren, weil sie für den Motor sozusagen lebenswichtig ist. Es wurde ja bereits mehrfach angesprochen, daß bei zu hohen Temperaturen gefährliche Selbstentzündungen entstehen und das Klopfen gefördert wird; und außerdem, daß sich das Kolbenspiel verringert, wodurch bei allzu starker Wärmedehnung sogar ein Kolbenstecker auftreten kann. Die Hauptgefahr von hohen Temperaturen aber besteht darin, daß gleichzeitig mit den eben beschriebenen Effekten, die an sich schon schlimm genug sind, auch noch der Schmierfilm zwischen Kolben und Zylinderlaufbahn angegriffen wird - wir kommen im nächsten Kapitel noch näher auf ihn zu sprechen.

Weil wir die grundlegende Konstruktion des Motors ja nicht verändern können, soll hier nicht auf Wasserkühlung eingegangen werden und auch nicht auf die Probleme, die durch die Wärmeverteilung innerhalb des Zylinders auftreten - obwohl es darüber eine ganze Menge zu sagen gäbe. Für uns genügt es zu wissen, daß etwa die Hälfte der zu kühlenden Wärmemenge über den Zylinderkopf abgeleitet wird und daß die heißeste Stelle, also die gefährdetste, die Gegend um den Auslaß ist. Deshalb sollte man sich bemühen, das Auspuffrohr in möglichst großem Abstand vom Zylinder zu führen, damit es nicht die Wärme wieder zufückstrahlt; es hat sich deshalb sogar bewährt, in der unmittelbaren Umgebung des Auslaßes Teile einzelner Kühlrippen zu entfernen, damit kein Kontakt zum Krümmer entsteht - ansonsten könnte ein vergrößerter und heißer Krümmer den Rippen zu nahe kommen. Dem Auspuff macht es schließlich nichts, wenn er glüht, dem Zylinder dagegen schon.

Der Wärmeübergang zwischen zwei Körpern wird umso einfacher, je größer die berührende Oberfläche ist. Das heißt aber noch lange nicht, daß die Kühlung eines Zylinders umso besser wird, je größer seine Oberfläche ist, also je mehr und je tiefere Rippen er hat. Sind sie nämlich zu tief, dann nimmt die Strömungsgeschwindigkeit innen, in der Nähe des Zylinders, so stark ab, daß gerade dort, wo gute Kühlung wichtig wäre, besonders hohe Temperaturen herrschen. Und stehen die Rippen zu dicht, dann strahlen sie sich gegenseitig die Wärme zu, anstatt ihrer Oberfläche entsprechend zu kühlen. Weil heutzutage viele Motoren mit extremen Rippen-Wäldern protzen, um den wahren Hubraum zu verbergen, kann es günstig sein, jede zweite Rippe (des Zylinders, nicht des Zylinderkopfes!) etwa zur Hälfte zu kürzen. Für den Hochgeschwindigkeitsbetrieb wird sich das zwar nicht lohnen, aber für Geländeeinsätze schon eher, zumal auf diese Weise auch die Verschmutzungsgefahr herabgesetzt wird.

Eine feine Sache für Motoren, die oft hohe Leistung bei niedrigen Geschwindigkeiten abgeben müssen, ist die Gebläsekühlung. Trotzdem eignet sie sich eigentlich nur für lange Bergstrecken oder für den Stadtverkehr, nicht fürs Gelände, weil das Gebläse ein Menge Arbeit verbraucht. Die Zwangskühlung - so wird die Gebläsekühlung auch manchmal genannt, weil sie den Motor zwangsläufig, unabhängig vom Fahrtwind kühlt - die Zwangskühlung also wird auch oft dann verwendet, wenn der Motor nicht im Fahrtwind liegt, zum Beispiel bei Rollern. Dann kann man natürlich an der Kühlung nichts verändern; man muß also darauf achten, daß der Motor bei genügend hohen Drehzahlen betrieben wird. Es gibt aber öfter den Fall, daß niedrige Drehzahlen bei gleichzeitig hoher Geschwindigkeit gefragt sind, etwa bei Touren-Motoren. Wenn man dann einen gebläsegekühlten Motor besitzt, der eigentlich im Fahrtwind liegt, kann man die Kühlung eventuell dadurch verbessern, daß man die Kapselung um den Zylinder zur Hälfte abbaut. Dadurch wird zwar die Wirkung des Gebläses verringert, dafür nimmt bei hohen Geschwindigkeiten aber der Einfluß des Fahrtwindes zu.

Ein großer Teil der vom Zylinder abgegebenen Wärme fließt nicht direkt durch die Berührung vom Metall auf die Luft, sondern wird als Infrarot-Strahlung abgestrahlt. Deshalb gibt es eine andere, sehr einfache Methode, die Kühlung zu verbessern: Sie besteht darin, die zu kühlenden Teile schwarz zu streichen, weil eine schwarze Oberfläche erheblich stärker strahlt, als eine helle. Wer es nicht glaubt, kann igendeinen Behälter auf der einen Seite schwarz, auf der anderen weiß lackieren und mit heißem Wasser füllen; wenn man dann die Temperatur in einigen Zentimetern Entfernung von der Oberfläche auf beide Seiten mißt, kann man schon einige Celsius-Grade Unterschied feststellen. Bei einem Motor kann schwarze Lackierung schnell einen Unterschied von über 20°C ausmachen. Für den Zylinderkopf und die Bereiche um den Auslaß also eine sehr zu empfehlende Maßnahme.

Auch der Kolben will gekühlt sein. Früher war man sich ziemlich einig darüber, daß über das Kolbenhemd nur eine sehr geringe Wärmemenge auf den Zylinder übergeht, aber neuerdings wird diesem Weg eine größere Bedeutung beigemessen, was wahrscheinlich damit zusammenhängt, daß moderne Laufbahnbeschichtungen eine bessere Wärmeleitfähigkeit besitzen und daß das Kolbenspiel ebenfalls wegen der besseren Materialien immer kleiner werden konnte. Unbestritten hat aber den größten Anteil an der Kolbenkühlung der Frischgasstrom; und weil Super-Benzin bei der Verdampfung eine größere Wärmemenge aufnimmt, kann dadurch die Zylinderinnenkühlung verbessert werden. Außerdem ist es natürlich günstig, wenn das Frischgas möglichst kalt ist.

Gleichzeitig erhöht kühles Frischgas auch die Leistung des Motors. Wegen der geringeren Temperatur zieht sich das Gas nämlich zusammen und hat deshalb eine

höhere Dichte, das heißt, im gleichen Volumen - zum Beispiel dem Kurbelraum - befinden sich bei gleichem Druck mehr Gasmoleküle. Man kann diesen Vorteil oft spüren, weil viele Zweitakter kurz nach dem Start eine besonders hohe Leistung abgeben; das liegt zum großen Teil an dem noch kalten Kurbelgehäuse. Das ist auch der Grund dafür, daß man manchmal auch dort Kühlrippen antrifft. Das einzige, das man selbst eventuell zur Kurbelhauskühlung beitragen könnte, wäre eine schwarze Färbung und vielleicht eine Zylinderfußdichtung mit geringer Wärmeleitfähigkeit. Ob das aber eine merkliche Verbesserung bringt, ist fraglich. Wichtiger ist, daß durch einen größen Vorauslaßwinkel heißes Altgas nicht zu weit in die Überströmkanäle hineinschießt und den Kurbelraum aufheizt.

Die Schmierung

Welche schwierige Aufgabe dieser Schmierfilm zu erfüllen hat, kann man sich leicht vorstellen, wenn man sich nochmals bewußt macht, mit welch hoher Geschwindigkeit sich der Kolben im Zylinder bewegt, nämlich mit ca. 50 km/h. Außerdem wird die Zylinderlaufbahn bei Zweitaktern durch die vielen Kanalöffnungen derart zerklüftet, daß sich der Kolben etwa so fühlen dürfte, wie ein Grand-Prix-Motorrad auf einer Moto-Cross-Strecke. Wenn nun der Ölfilm im Motor durch zu hohe Temperaturen beschädigt wird und einreißt, dann hat das eine ähnliche Wirkung, wie wenn unser Gand-Prix-Motorrad auch noch auf der Felge ohne Reifen fahren müßte. Mit anderen Worten: Es bleibt nicht bei einem Kolbenstecker, sondern kommt zu einem ausgewachsenen Kolbenfresser. Der Unterschied besteht darin, daß sich bei einem Stecker der Kolben so stark ausdehnt, daß praktisch kein Kolbenspiel mehr vorhanden ist und er sich deshalb "nur" verklemmt (daher auch Kolbenklemmer genannt); wenn man in diesem Fall eine Zeit wartet, bis er sich wieder abgekühlt hat, ist der Motor meist wieder funktionstüchtig. Natürlich ist der dabei auftretende Verschleiß immens. Ein Kolbenfresser ist aber noch viel schlimmer. Er tritt auf, wenn der Kolben gerade beginnt zu klemmen, aber trotzdem noch weitergeschoben wird oder eben, wenn der Ölfilm eingerissen ist. Es passiert dann, daß durch die Reibung zwischen Laufbahn und Kolben eine extrem hohe Temperatur entsteht, die die Materialien schmelzen läßt und sie - ähnlich wie beim Schweißen - verbindet: Der Kolben frißt sich in den Zylinder hinein. Das ist dann ein hundertprozentiger Totalschaden, der sich nur noch mit dem Brecheisen beseitigen läßt...

Aber auch, wenn nicht immer gleich solche Schreckgespenster auftreten, ist die Schmierung grundsätzlich sehr wichtig, weil ein schlecht tragender Ölfilm die

Reibung und mit ihr den Verschleiß stark heraufsetzt und die Lebensdauer entsprechend verkürzt. Es ist deshalb auch überhaupt nicht günstig, den Ölanteil in der Kraftstoff-Mischung zu verringern, wie manchmal empfohlen wird, weil dadurch die Leistung etwas zunimmt. Im Gegenteil, nach einer Leistungssteigerung kann sogar manchmal mehr Öl angebracht sein; besonders bei älteren Motoren, deren Laufbahnbeschichtung noch nicht so hochwertig ist, wie moderne Beschichtungen wie Nikasil und ähnliche. Trotz der Nachteile - mehr Verbrennungsrückstände, höhere Kosten, evtl. leichter Leistungsrückgang - sollte man die Wirkung eines höheren Ölanteils auf jeden Fall erproben, wenn man das Gefühl hat, daß sich der Motor langsam seinen Belastungsgrenzen nähert; sowohl mechanisch, als auch thermisch, also bevorzugt bei hoher Verdichtung, großen Kanalöffnungen und ganz besonders bei magerem Gemisch, weil durch den geringeren Kraftstoffanteil im Frischgas nicht nur die Verbrennungstemperatur steigt, sondern auch gleichzeitig weniger Öl in den Zylinder gelangt - es ist ja dem Kraftstoff beigemischt; es sei denn, der Motor besitzt Getrenntschmierung.

Das Mischungsverhältnis kann also von 50:1 auf etwa 40:1 oder 30:1 heraufgesetzt werden und von 25:1 auf 20...15:1, was einfach zu machen ist, wenn man selbst mischt; es gibt Zweitaktöl in extra dafür vorgesehen Flaschen, die bereits eine entsprechende Skalierung aufweisen, die das Rechnen erspart (z. B. von Castrol). Selbst mischen ist übrigens nicht nur billiger, sondern das Öl ist meist auch besser. Abschließend noch eine Erklärung zu den oft vermischten Wörtern Mischung und Gemisch: Die Mischung ist das "Gebräu" aus Öl und Benzin, das man tankt, und es wird über das Verhältnis der Volumenanteile von Benzin und Öl beschrieben. Das Gemisch dagegen ist der Nebel aus Kraftstoff und Luft und wird zahlenmäßig durch die Luftüberschußzahl erfaßt, die das Verhältnis der Gewichtsanteile von Kraftstoff und Luft bezeichnet.

Drehschiebersteuerung

Die Drehschiebersteuerung ist - ebenso wie das Schnüffelventil - eine raffinierte Alternative zur einfachen Schlitzsteuerung; allerdings wieder mit dem Nachteil einer gewissen Verkomplizierung. Das Prinzip der Drehschiebersteuerung beruht auf der - übrigens uralten - Idee, den Gaswechsel unabhängig von den Kolbenbewegungen zu steuern. Die Vorteile dieser Methode liegen auf der Hand: Es werden asymmetrische Steuerzeiten möglich, deren Vorteile wir bereits im Kapitel über die Membransteuerung kennengelernt haben; außerdem fallen die Probleme der mangelhaften Kolbenfestigkeit durch ein zu kurzes oder durchlöchertes Kolbenhemd weg, weil sich der Kolben nun ganz auf seine eigentliche Aufgabe konzentrieren kann, nämlich den Verbrennungsdruck zu verwerten. Und zuguterletzt wird auch noch der Zylinder entlastet: Er muß keinen riesigen Einlaßschlitz mehr aufnehmen, der vom Kolben überlaufen wird und ein Kanal, der viel Raum im Zylinder beansprucht, ist auch nicht mehr nötig.

Die kolbenunabhängige Gaswechselsteuerung wäre zwar theoretisch an allen drei zu steuernden Punkten möglich, nämlich am Einlaß, an den Überströmern und am Auslaß; tatsächlich verwendet wird sie aber eigentlich nur am Einlaß. Daß sie beim Auslaß keine Verwendung findet, ist leicht einzusehen: Wegen der dort herrschenden hohen Temperaturen und Drücke kommt eigentlich nur ein Ventil wie vom Viertakter her gewohnt in Frage - und das paßt einfach nicht sinnvoll in den Brennraum eines Zweitakters. Der ein oder andere wird sich wohl fragen, ob denn ein Zweitaktmotor mit Ventilen überhaupt noch seinen Namen tragen darf? Er darf! Um Zweitakter zu sein, muß man nämlich nur jeden zweiten Takt arbeiten - wie man das macht ist nicht vorgeschrieben. Ob man mit dieser Argumentation allerdings bei der FIM durchkommt, steht auf einem anderen Blatt. Im übrigen sei darauf hingewiesen, daß das Yamaha Power-Walve- System eine Art Kombination aus Schlitz- und Fremdsteuerung ist. (Bei diesem System ist - kurz erklärt - die Auslaßschlitz-Höhe und damit die Steuerzeit variabel.)

Daß die Überströmkanäle keine Fremdsteuerung erhalten, ist leicht erklärt: Das ganze wäre entschieden zu aufwendig. Bleibt also nur noch der Einlaß übrig. Und hier hat sich in der Tat nach allen möglichen technischen Umwegen ein fabelhaftes System herauskristallisiert, das - sofern es um Rennmotoren geht - absolut übelegen ist: Das ist nämlich der Einlaß-Plattendrehschieber. Es handelt sich dabei um eine einfache Metallscheibe - oft aus Federstahl, etwa 0,5 mm dick und ca. 12 cm Durchmesser -, die sich mit der gleichen Geschwindigkeit dreht wie die Kurbelwelle. Diese Scheibe durchschneidet den Einlaßkanal, der bei dieser Bauweise direkt in den Kurbelraum mündet, und versperrt somit dem Frischgas den Weg. Damit der Einlaß geöffnet werden kann, fehlt dem Drehschieber nun auf seiner Außenseite ein Segment; er sieht also ähnlich aus, wie eine Kurbelwange. Geöffnet wird der Einlaß nun immer dann, wenn dieses fehlende Segment durch die Drehung der Scheibe den Kanal freigibt:

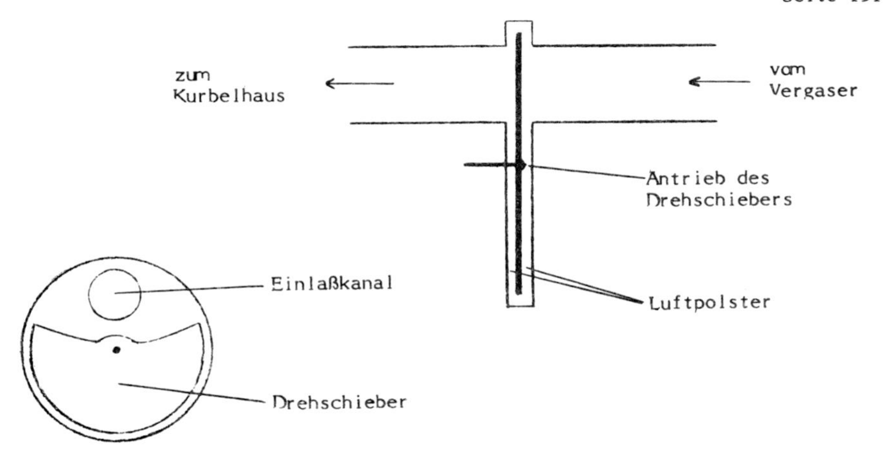

Dieses System der Einlaß-Steuerung hat neben den schon oben genannten Vorteilen eine Reihe weiterer Vorzüge: Zum einen ist es erheblich strömungsgünstiger als die Kolbensteuerung, bei der der Gasstrahl erst unter den Kolben und dann um die Ecke geleitet wird; zum anderen nimmt das Öffnen und Schließen des Kanals kaum Zeit in Anspruch (nämlich etwa 25 °KW), wogegen der Kolben bei der Schlitzsteuerung fast die gesamte Öffnungszeit über teilweise den Schlitz versperrt. Aber das beste an dieser Steuerung ist die Tatsache, daß sie die Idee der asymmetrischen Steuerzeit tatsächlich in die Tat umsetzt - im Gegensatz zur Membransteuerung, die da erhebliche Probleme hat.

Das ganze funktioniert hier so gut, daß man den Einlaß tatsächlich schon enorm früh öffnen kann und zu Beginn der Öffnungszeit kein großer Unterdruck im Kurbelraum vorhanden sein muß, um die Gassäule einzuschwingen; sie folgt bei niedrigen Drehzahlen fast genau den Bewegungen des Kolbens. Zusammen mit einem frühen Schließen des Einlasses kurz nach oT ergibt das eine hervorragende Füllung des Kurbelraums. Keine Sorge: Auf den viel gerühmten Nachlade-Effekt der schwingenden Gassäule braucht man auch nicht zu verzichten: Er stellt sich bei hohen Drehzahlen wieder ein, weil dann selbst bei einem frühen Öffenen des Einlasses - trotz des dann niedrigen Anfangs-Unterdruckes im Kurbelraum - eine genügend große Menge Bewegungsenergie auf die Gassäule übertragen werden kann und durch das frühe Schließen auch eingefangen wird.

Alles in allem läßt sich sagen, daß die Drehschiebersteuerung bei niedrigen Drehzahlen besser ist als die Membransteuerung und bei hohen besser als die Schlitzsteuerung, und zwar letzteres deshalb, weil sie in der Lage ist, bei noch niedrigen Drehzahlen die Löcher zwischen den Füllungsmaxima zu überbrücken, die immer auftreten, wenn auf hohe Drehzahlen abgestimmt wird. Bei hohen Drehzahlen gewinnt dann aber der Schwingungs-Effekt wieder an Bedeutung und der Motor verhält sich dann sehr änlich, wie ein normaler schlitzgesteuerter. Nur daß diese Drehzahlen von einem solchen Motor nur wesentlich schieriger hätten erreicht werden können.

Der einzige wirkliche Nachteil der Schiebersteuerung ist der relativ komplizierte Aufbau. Aber auch das sollte nicht abschrecken, denn Drehschiebermotoren sind im allgemeinen sehr zuverlässig und das Komplizierteste an der ganzen Konstruktion ist eigentlich der Antrieb des Schiebers. Da wir aber nur Leistungssteigerungen an Serienmotoren vornehmen wollen, interessiert uns dieser Teil gar nicht, sondern nur der Schieber selbst, weil mit seiner Hilfe die Steuerzeiten verändert werden können.

Aber ein wenig Vorsicht ist auch bei Arbeiten an diesem Teil geboten; es ist nämlich verhältnismäßig empfindlich. Das liegt an der Art wie es gelagert ist und wie es abdichtet: Meist läuft der Drehschieber in einem engen Käfig, hat aber etwa 0,5 mm Axialspiel; auf diese Weise befindet er sich in einer Art Luftpolster, wird aber bei Druckunterschieden zwischen Kurbelraum und Außendruck gegen die Käfigwand gedrückt und dichtet so ab. Weil er sich mit recht hoher Geschwindigkeit dreht, wird die Plattenoberfläche der Reibung wegen mit harten Materialien beschichtet, wie z. B Chrom. Und harte Beschichtungen, das ist altbekannt, splittern leicht. Außerdem darf der Schieber nicht - auch nicht minimal - verbogen sein, weil er sonst nicht im Luftpolster läuft, sondern ständig reibt und sich zu stark erhitzt.

Diesen Nachteilen gegenüber stehen aber auch wiederum Vorteile: Er läßt sich ziemlich leicht verändern und wenn man wirklich einmal etwas verkorkst hat, dann ist der Schaden bei weitem nicht so groß wie ein defekter Zylinder und auch Folgeschäden können kaum auftreten. Falls der Schieber allerdings mitten im Motor sitzt und man ihn nur unter größten Mühen erreichen kann, sollte man sich überlegen, ob man sich heranwagt. Und lediglich dann, wenn der Schieber gleichzeitig die Kurbelwange ist, ist zu empfehlen, sich nur auf die Strömung begünstigende Arbeiten zu beschränken - die natürlich in jedem Fall durchgeführt werden sollten, also z. B. Glättungen an Kanalmündungen oder Abchrägen der Schieberkanten, wenn die Scheibe ausnahmsweise aus dickerem Material sein sollte.

Ansonsten kann weitgehend nach Belieben der Steuerwinkel verändert werden. So erstaunlich das klingen mag, aber bei der Drehschiebersteuerung ist die Abstimmung des Einlaßsystems tatsächlich von fast untergeordneter Bedeutung - zumindest bei niedrigen Drehzahlen. Bei hohen dürfte sich eine Anpassung natürlich lohnen. Man sollte übrigens daran denken, daß sich eine Veränderung des Steuerwinkels nicht nur durch Erweitern des ausgeschnitten Segments im Schieber erreichen läßt, sondern auch durch ein einfaches Verdrehen des Schiebers auf seiner Achse (in Richtung auf späteres Öffnen und Schließen), was allerdings nicht immer möglich ist. Dazu muß man wissen, daß eine Verlängerung der nach oT verbleibenden Öffnungszeit das beste Drehmoment eher in hohe Drehzahlen verlegt und gleichzeitig die Breite des nutzbaren Bandes einengt, und zwar weil auf diese Weise der Resonanz-Ladeeffekt wieder stärker an Bedeutung gewinnt. Ein Ansaugschluß von 80 °KW nach oT ist allerdings fast immer als Grenze anzusehen.

Als Obergrenze für den Gesamt-Öffnungswinkel sollte man Werte von 210 bis allerhöchstens 225 °KW annehmen - darüber ergibt sich fast immer wieder eine Verschlechterung der Füllung. Für schnelle Motoren ist eine Verteilung von 145° vor oT und 65° nach oT, also insgesamt 210°, sicherlich sinnvoll. Die KW-Angaben beziehen sich übrigens alle auf die Winkeldifferenz zwischen Anfang des Öffnens und Ende des Schließens, also nicht nur der Winkel, während dessen der Kanal vollständig freigegeben ist. Diese Art der Angabe ist auch insofern praktisch, als der Winkel des ausgeschnittenen Segments im Schieber immer gleich dem Steuerwinkel ist.

Ein paar letzte Ratschläge

Dieses Buch geht nun langsam zu Ende und ich hoffe, alles Wichtige erklärt zu haben, und zwar so, daß es auch ohne große Mühen zu verstehen war. Sicherlich werden nun die meisten Leser auch zur Tat schreiten und irgendeinen Zweitakter umbauen, in welcher Weise auch immer, und es ist sehr wahrscheinlich, daß viele dieser Motoren zwischen den Rädern eines Mofas, Mokicks oder Leichtkraftrades werkeln werden. In gewisser Weise ist es geradezu lächerlich, überhaupt zu erwähnen, daß das verboten ist; das weiß schließlich jeder.

Trotzdem kann ich es mir einfach nicht verkneifen, die damit verbunden Gefahren aufzuzählen: Durch bauartliche Veränderungen, wie es so schön heißt, erlischt bekanntlich die allgemeine Betriebserlaubnis, mit dem Effekt, daß man ohne Versicherungsschutz fährt. Man braucht also nur einen Porsche dazu zu bringen, in Richtung einer Laterne ausweichen zu müssen; den Totalschaden im Wert von DM 50000,- kann man dann aus eigener Tasche bezahlen. Nicht auszudenken, wenn es kein Porsche, sondern ein Tanklaster war, der da ausweichen mußte. Aber auch die Polizei ist neuerdings ziemlich schnell bei der Hand, wenn es darum geht, Fahrzeuge kurzerhand zu beschlagnahmen. Gerichts- und Sachverständigen-Kosten sind übrigens im allgemeinen um einiges höher, als die nächst höhere Versicherungs- oder Führerscheinklasse... Wer einmal in die Gerichtsmühle hineingeraten ist, der reißt sich ganz gewiß nicht noch um ein zweitesmal; aber das erstemal scheint jeder selbst erleben zu müssen.

Dabei ist das überhaupt nicht nötig, schließlich gibt es genügend Möglichkeiten, auch ohne "bauartliche" Veränderungen schnell genug zu fahren; Bisher ist nur aus Bayern bekannt, daß sich jemand daran gestört hätte - und ich weiß auch nicht, was dagegen einzuwenden wäre; die meisten Gefährte werden sowieso von alleine immer schneller, je älter sie werden; es sei denn, sie wurden frisiert. Dann werden sie nämlich nicht alt, geschweige denn schnell. Wenn man aber dieses Buch gelesen hat und trozdem noch frisiert, das wäre schon wahrer Frevel!

Aber ich hoffe, daß es doch irgendwie jeden von uns schon mit Genugtuung erfüllt, zu wissen, daß der eigene Motor zwar bieder aussieht und ganz und gar nicht rennmäßig klingt, man sich selbst aber trotdem viel besser auskennt, als all jene Friseure, die da schmalbrüstig knatternd die Luft und die Stimmung verpesten. Ferner macht es Spaß, sich ins Fäustchen zu lachen, wenn man sieht, daß jene "Heizer" zwar etwas schneller fahren, aber trotzdem nicht früher am Ziel sind, weil sie vor lauter Angst, erwischt zu werden, nur auf Schleichwegen fahren können; bzw. weil sie wieder einmal zu Fuß gehen müssen, da ihr Renner leider kein Gebrauchsfahrzeug mehr ist.

Genug jetzt aber mit diesem leidigen Thema. Wer sich nun fragt, wozu dieses Buch überhaupt geschrieben wurde, wenn das Basteln doch verboten werden soll, dem sei gesagt, daß Zweitaktmotoren auch andere Dinge antreiben können, als Gebrauchsfahrzeuge. Go-Carts, Boote, für ganz utopische Bastler auch Luftkissenfahrzeuge (in England werden damit sogar Rennen ausgetragen!) und natürlich besonders Geländemotorräder sind nur einige Beispiele. Im Nebenbei: Motorrad-Geländefahren ist sowieso viel schöner als auf der Straße, besonders im Schnee; wer kann, sollte das unbedingt einmal ausprobieren. Dann weiß man auch wieder, wozu man bastelt - und man hat die Genugtuung, nicht nur am meisten über Motoren zu wissen, sondern auch am besten zu fahren. Ist das nichts?

Jetzt möchte ich aber niemanden mehr abhalten, endlich an die Arbeit zu gehen. Wenn aber jemand an den Verlag schreibt, wie ihm dieses Buch gefallen hat und was er für Erfolge damit hatte, bzw. was verbessert werden könnte, würde ich mich sehr freuen. Und nun viel Erfolg und viel Spaß!

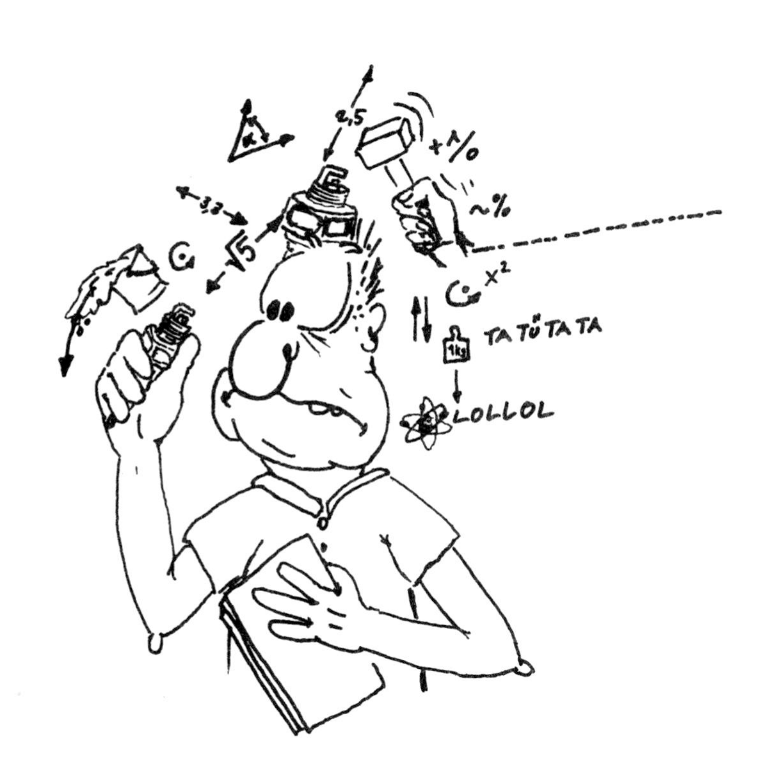

STICHWORTVERZEICHNIS